小城知味

寻 找 巴 蜀 地 道 川 菜

四川烹饪杂志社 编

成都时代出版社
CHENGDU TIMES PRESS

图书在版编目（CIP）数据

小城知味：寻找巴蜀地道川菜 / 四川烹饪杂志社编.
-- 成都：成都时代出版社，2023.12
ISBN 978-7-5464-3309-7

Ⅰ.①小… Ⅱ.①四… Ⅲ.①川菜－菜谱 Ⅳ.
① TS972.182.71

中国国家版本馆 CIP 数据核字 (2023) 第 192202 号

小城知味：寻找巴蜀地道川菜

XIAOCHENG ZHIWEI: XUNZHAO BASHU DIDAO CHUANCAI

四川烹饪杂志社 / 编

出 品 人	达 海
责任编辑	李翠华
责任校对	江 黎
责任印制	黄 鑫　陈淑雨
封面设计	李 鹏
装帧设计	李 鹏

出版发行　成都时代出版社
电　　话　（028）86742352（编辑部）
　　　　　（028）86615250（发行部）
印　　刷　成都市兴雅致印务有限责任公司
规　　格　130mm×185mm
印　　张　8
字　　数　175 千
版　　次　2023 年 12 月第 1 版
印　　次　2023 年 12 月第 1 次印刷
书　　号　ISBN 978-7-5464-3309-7
定　　价　68.00 元

小樱桃，在我国栽培历史悠久，国际上称之为中国樱桃，

是川渝小城代表性的风味特产之一。

CONTENTS

目录

线路一 舌尖上的蜀道

线路二 逛吃成渝高铁

线路三　重访川盐古道

线路四　长江浪食记

线路五　寻味雅攀高速

序

一

巴蜀地区是美食的基因库

回锅肉、麻婆豆腐、鱼香肉丝诚然都是川菜，然而川菜就仅仅是回锅肉、麻婆豆腐、鱼香肉丝吗？当然不是。

大多数情况下，人们的视野好像只关注着那些城市餐厅餐桌上所谓的流行菜、旺销菜、招牌菜等。当掀起川菜的盖头来，细究川菜之种种，就会发现，深藏巴蜀民间的那些地道小城美食、小镇美食、乡村美食等，才是川菜之根之源。

吃喝与玩乐，天生就是绝配，滋润着人们的日常。近些年来，旅游行业也出现了一些新趋势，比如前往小众目的地的"反向旅游"，专程为了吃而安排旅游线路、美食探营。去淄博吃烧烤，去柳州吃螺蛳粉，去乐山吃炸串等等，都是在这种背景下火起来的。让人说不清，人们到底是为了吃喝而去玩乐，还是为了玩乐而去吃喝。

有人说，巴蜀地区是美食的基因库、吃喝的大本营。成渝地区双城经济圈内拥有大量的宝藏美食小城，每个城市都有独属于自己的特色美食和独特风味，都是潜在的网红美食打卡地，而这些地方的地道川味或许都是成都、重庆这些中心城市难得一见的非主流美食，自然是让人耳目一新、口舌生津，正应了那句老话——美味在民间，好菜在乡间。

目前市面上的川菜书籍很多，要么聚焦于川菜菜谱，要么着力于某个单一品类，要么探究川菜文化，而结合川渝美食、旅行、人文的综合性图书较少。《四川烹饪》杂志自创刊40年以来，积累了大量优秀的作者资源、图片资源和稿件资源，就作者来说，几乎囊括了所有知名的川菜研究者和写作者。于是，从《四川烹饪》近十年杂志内容中，我们选编若干具有代表性的川渝地区美食稿件，进行适当地补充和编辑，以5条游食线路形式呈现，涉及40个川渝宝藏小城，涵盖巴蜀大地的东西南北中方位，汇编成《小城知味》一书，致力于填补这类图书的空档，也为《四川烹饪》创刊40周年献礼。

本书运用专业的视角，结合多位川渝知名媒体人当地美食实地考察经历，深入挖掘巴蜀富有地域性特色的川菜川味，配上美食美照、寻味路线图，为川菜爱好者、餐饮从业者、来川渝的旅游者提供一本有趣、有料、有味、有深度的精美读本。接下来，让我们一起共赴小众寻味之旅，揭秘少为人知的烹饪绝技，品享唇齿留香的民间滋味，体验小城美食的独特风韵。

《四川烹饪》杂志总编辑　田道华

序二

"地方风味
就是故乡的
味觉记忆"

　　地方风味，往往就是故乡让你难舍难忘的味觉记忆，无论你身居何处，对那种特别的滋味总是无比向往。当你离别家乡，前往他乡，这些滋味就会离你而去，只因两处不同的地方，经纬度、海拔、岩性以及土壤等诸多地理因素的不同，将导致物产与饮食习惯的较大差异。

　　地大物博的四川，因为地方差异，每个地方的风味差异极大，这也为川菜的发展提供了无限的可能，仅以川菜第一菜——回锅肉为例，开启我们对地方风味的认知。

　　在上河帮成都菜的语境中，回锅肉的标准做法是二刀肉加蒜苗，调味品必备的是郫县豆瓣酱、豆豉和甜面酱，在物流不甚发达的过去，没有郫县豆瓣酱的地方很多，难道当地人不吃回锅肉？在以前，几乎四川盆地的每一个县都有酱园厂，各地居民习惯使用当地产的调味品，加上这道菜家家户户都做，就有了不同的回锅肉。

"内自帮"一带的资中、荣县，炒回锅肉根本就不用豆豉和甜面酱，而到了川南，调味中甚至会添加泡椒泡姜，有的地方还会加糖勾醋来提鲜增香，别有一番滋味。这是因为物产、时令和喜好的不同，催生了和而不同的回锅肉家族——重庆潼南一带，习惯用匍豇豆（倒罐腌制的豇豆）炒回锅肉；荣县人坚持用莲白炒回锅肉；安岳一带喜欢苕粉皮炒回锅肉；还有锅盔回锅肉、豆干回锅肉、盐菜回锅肉等，数不胜数，千变万化又不离其宗，可谓百菜百味的烹饪基础。

而有的地方风味，则从地方走向了全国，比较有影响力的当数洪雅县的藤椒。洪雅地处山区，盛产藤椒和木姜子，当地人多用这两类野生植物调和五味，慢慢催生了藤椒鱼、藤椒鸡等在全国盛行的风味食品。再如20世纪90年代兴起的的江湖菜系列，重庆的酸菜鱼、资中球溪鲇鱼、自贡冷吃兔等，至今仍是全国各地不少人都接受的川味。

再者，对于时令食材，由于出产季节易于错过，这类风味往往不易了解。如菌类中的高档品鸡枞，绝大部分地区都是将其制成咸鲜味，在我的行走中，却遇上了一些意想不到的做法——隔水蒸，筠连县是用青红椒调味，洪雅县是用油渣、青椒和豆瓣酱佐味，都是极美之菜。

物产丰富的四川盆地，在南北的纬度之间、平原丘陵与山区的地貌差异下，究竟还有多少独特的地方风味，至今仍然没有一个定论。这些地方风味是当地人的故乡记忆，也是他乡人愿意寻访的原乡风味。川菜，既是从民间向上生长的平民化菜系，也是从官府菜走向民间的适应性传承，最终成就了这一以调味擅长的菜系，雅俗共赏，前途无限！

中国国家地理·美食地理总经理　刘乾坤

序 三

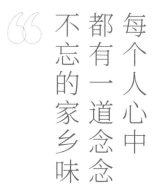

每个人心中
都有一道念念
不忘的家乡味

现如今，大都市餐饮渐趋大同，小地方美食反而显得个性鲜明。川渝两地，向来被餐饮业界视为"高地"，这不仅因为成都和重庆两座城市餐馆数量多、品类广，还在于巴蜀大地的小城乡镇也散布着众多风味独特的美食。因为地理交通、信息传播等方面的原因，这些小城乡镇的美食少为人知，也少受外界影响，更能保持原生状态。

《四川烹饪》自创刊以来，在这四十年里，一直以传播烹饪文化，挖掘川渝美食为宗旨。我在杂志社工作那十六年里，无数次去巴蜀大地的小城乡镇采访，力求把最地道的原生饮食推荐给广大读者朋友。我们到各地跟老板大厨面对面交流管理经验，深入厨房了解菜肴制作过程。我们用脚步丈量美食距离，用嘴巴品味餐桌风景。各地市有名的餐馆当然要吃，偏僻乡镇小店也不错过。为探寻一道特色菜，驱车几十上百公里是常事。

川西高原看美景，川西坝子品美食，常年在川渝游吃，让我长了见识、开了眼界，积累了大量的美食信息。每个成都人都有一家珍藏的苍蝇馆子，每个四川人都有一道心心念念的家常菜。县县有乡音，镇镇出美食。乐山苏稽的跷脚牛肉，夹江木城的甜皮鸭，巴中的枣林鱼，达州石梯镇的粉蒸鱼、江阳镇的酸辣鸡，渠县三汇镇的八大块，资中球溪镇的鲇鱼，内江椑木镇的血旺，自贡牛佛镇的烘肘、桥头镇的三嫩，富顺怀德镇的鲊鱼、代寺镇的软鲊肉丝，宜宾李庄的大刀白肉、高县的土火锅、兴文大坝镇的裹脚肉，泸州合江的豆花，青神的汉阳第一鸡，马边的马鸡肉，攀枝花的坨坨鸡、油底肉，会理的破酥包子……我把历年觅食寻味的经历，写成了《一双筷子吃四川》一书，算是对自己接触餐饮三十年的一个总结。

个人精力和能力毕竟有限，川渝一些小城，我还未涉足，很多特色美食没能亲身体验。这本《小城知味》除了四川，还有重庆的小城美食。杂志社的众多同事，以及像刘乾坤老师这样热爱美食的朋友，他们通过自己的眼睛、嘴巴和大脑，从更多角度来品味和描述美食，让这本书内容更丰富、地域更全面。

罗江的金面子、醒园菜，巴中的乡土菜，中江的坨坨鱼，荣昌的美食四宝……都是我看书后想亲临现场体验的。

成都资深美食媒体人、餐饮投资人 九吃

川北是四川与西北饮食交流融汇的驿站，20世纪川北地区就有了"北方食堂""山西面馆"等，而羊杂汤至今方兴未艾。著名饮食文人车辐老先生说"川北是川菜的北门锁钥"，十分贴切。

蜀道中的古金牛道是川北的重要通道，沿途拥有丰富的人文旅游资源，包括人文景观、诗歌文化、道教文化、金牛古道、三国文化、红色文化等，是川北饮食创作的文化背景和创意源泉。受北方豪放饮食文化和丘陵传统农耕文化的双重影响，川北饮食有田席发达，牛羊肉菜品多等特点，总体来看烹饪亦南亦北。

北南

味滋

罗江
调元菜
金面子
醒园菜

德阳市

成都市

中江
中江垇垇鱼

舌尖上的蜀道

广元市

剑阁

剑阁土鸡
剑门火腿
土酸菜
米豆腐

巴中

白芦笋
大蒜苗
米豆腐
平昌油炸鱼

梓潼

梓潼镶碗

阆中

牛肉面
保宁蒸馍
羊杂面
热凉粉
保宁醋
阆苑三绝

盐亭

盐亭酸菜

南充市

巴中飞霞阁 供图 / 视觉中国

巴中石窟 摄影 / 张先文

广元剑门关风景区猿揉道 供图 / 视觉中国

蜀道上的翠云廊拦马墙段 摄影／知柏

文／田道华　图／李忠平

《醒园录》与调元菜

罗江

Luojiang

在中国烹饪文化体系中，传承下来的烹饪典籍不少，比较有代表性的就有《随园食单》《饮膳正要》《养小录》《素食说略》《醒园录》《调鼎集》《随息居饮食谱》《宋氏养生部》等。

在这些古籍中，《醒园录》成书于清代乾隆年间，作者李化楠系四川德阳罗江人，在浙江、直隶（今河北）、顺天（今北京）为官时，曾做了不少饮食笔记。后来，其子李调元在罢官归居家乡罗江醒园后，整理编刊父亲遗稿，进一步结合罗江家乡味的烹调方法而成书。

四川大学民俗学教授江玉祥认为，"李调元所处的清朝乾嘉时期独具特色的川菜菜系尚未形成，他为川菜菜系的创立做出了他那个时代可能做出的贡献，即因地制宜融合吴餐和南北食品菜肴的长处，推进适合川人在巴山蜀水这个自然环境食用的蜀餐形成。创新在路上，硕果尚未完成。"《醒园录》在川菜发展史上有着独特的地位和作用，充分体现了四川饮食文化"海纳百川，有容乃大"的特点。

　　《醒园录》不仅是一本食谱，更展现了李调元发展儒家"民以食为天"的民本思想，提出的"饮食无细故"是食品加工、菜肴制作中必须遵循的准则。李调元当年走访罗江及川西乡村，遍尝民间美食，不仅把美食写入自己的诗文中，还提出了恶"异馔"、倡"常珍"的美食理论。异馔，即指用珍贵奇特怪异的食材，或添加有碍健康的调味品，以及损害人体机能的烹饪方式所制作出的菜品。常珍，是指散见于平常普通食材中的珍品。

　　《醒园录》被广泛认为是四川有史以来的首部饮食菜肴专著，书中的美食已经逐渐被挖掘开发。我三次走进罗江，不仅了解到当地的调元文化、三国文化，也知道了罗江花生、罗江豆鸡、罗江青椒、贵妃枣等当地特产。比如当地的花生，又名鹰嘴花生，其一端形带弯钩，状如老鹰的嘴，用其制作的休闲食品天府花生，早年就畅销全国。当地特产贵妃枣口感脆甜，传说与唐代杨贵妃还有一些关系。当地的民间美食也有不少，比如金面子、大肉鲇鱼、老坎大刀肉、鱼松冻豆腐、糟汁醉肉、怪味酥鳞鱼等，一些店甚至还有"调元菜"，灵感即来自《醒园录》。

醒园蔬菜卷

一道蒸猪头
尊称金面子

文/熊焱　图/熊焱、李忠平

　　"清代蜀中三才子"之一的李调元博学多才，孝悌忠信皆为楷模，一本《醒园录》，记录了不少菜点的做法，两百年来一直潜移默化地影响着这里的人民。罗江的"金面子酒家"，招牌菜"金面子"即与《醒园录》有着一定关系。

　　金面子酒家是典型的川西民居建筑风格，朴素淡雅的斜坡顶和薄封檐，衬托着草木的葱茏。店主金剑锋熟读《醒园录》，"蒸猪头"本是《醒园录》里一道即食菜。金剑锋在此基础上进行改良创新，当初研发成功后，一经推出便名动罗江，不少食客尝后大赞，且请客时上此菜显得颇有面子，遂改名为"金面子"。后来，店名也干脆以菜命名。二十余年来，"金面子"这道菜凭借良好的口碑和始终如一的风味，成为当地的特色美食。

　　金剑锋认为做川菜既要循古法，也要与时俱进。关于蒸猪头法，《醒园录》中这样写道："将里外用盐擦遍，暂置盆中二三时久，锅中才放凉水，先滚极熟，后下猪头。所擦之盐，不可洗去……"这里初加工猪头用的是腌制之法，当年，考虑到一些人忌食腌制食物，金剑锋便多次尝试，变"腌制"为"卤制"，先将猪头卤至六分熟，上锅蒸透，复卤一遍。现又改为先炸后卤，成菜香味稳定、皮糯肉烂、肥不腻口、入口化渣。

金面子酒家其他一些菜也可在《醒园录》中觅得踪影。金剑锋说现代原料和工艺与过去已有天壤之别，比如一道回锅肉，按古法，若要吃在嘴里酥软化渣，就必得用半肥半瘦的二刀肉，必得用潼川豆豉、郫县豆瓣、中坝豆油。特别是潼川豆豉，取黄豆煮熟，加发酵粉和酒曲，捏成团用草纸包上，把水分全部吸干，再挂着风干发酵方可使用，缺一步不可。

金
面
子

早期的金面子变"腌制"为"卤制"，先卤后蒸，最后复卤，现在只需先炸后卤便可，成菜方便了许多。

原料：生猪脸1个、自制老卤水1锅、小米椒蘸碟1碟。

制法 1.猪脸治净(处理干净)后余水，再放入九成热的油锅里炸至色金黄，捞出沥油，待用。

2.将炸猪脸放入自制老卤水中卤5～6个小时，捞出在皮面上划块，装盘后随小米椒蘸碟上桌。

滑菇烧藏香猪

《醒园录》中载："煮老猪肉法，以水煮熟，取出，用冷水浸冷，再煮即烂。"滑菇烧藏香猪便是受书中启发创制而成。

原料：藏香猪小腿 1 只、滑子菇 150 克、青椒节 50 克、冰糖 5 粒、老姜 1 块、陈皮 1 小块，红酱油、料酒各 1 勺，干花椒、干辣椒节、葱花、熟芝麻、盐、味精、菜籽油各适量。

制法：1.藏香猪小腿洗净斩成小块，待用。

2.锅上火入油，待油温八成热时放猪腿肉块，炸至金黄色后倒出沥油。

3.净锅入油烧热，下老姜块、陈皮、干花椒、干辣椒节炒香，放入炸猪腿肉块和滑子菇，再加入红酱油、料酒、盐、味精、冰糖，加入足量清水没过猪肉。大火烧开改小火，烧至肉熟时，加青椒节略烧，起锅装盘撒葱花和熟芝麻，即成。

酱黄瓜

《醒园录》记载："腌瓜诸法……剖开去瓤，晾微干，用灰搔擦内外，丢地隔宿，用布拭去灰令净，勿洗水入酱……剖开撒盐，用手逐块搔擦至软，装入盆内，二三天捞起入酱……"现已改良制法，脱水用甩干机，让其口感更脆爽。

🌶 原料：黄瓜500克、苹果片50克，姜、蒜各5克，醋、生抽各500毫升、盐、红辣椒节、胡椒油各适量。

🍲 制法：1.黄瓜切长条加盐腌渍后，放入甩干机脱水变脆，纳盆。

2.把黄瓜条纳盆，放入苹果片、姜、蒜、醋、生抽、红辣椒节腌制一天，加入胡椒油拌匀，装盘即成。

书院里的『醒园菜』

文／熊焱　图／熊焱、李忠平

　　若说金面子讲"实"，那么双江书院便是重"史"。罗江双江书院曾是明代探花高节的府邸，清乾隆时期，罗江县令杨周冕购得此府，兴办了罗江第一座书院，并以"程门立雪"为题，留下了"深雪堂"三个大字。李调元之父李化楠是书院的第一任教师。

　　机缘巧合之下，张奇志掌管了双江书院，与妹妹打造了一家具有浓厚历史文化情怀的私房菜馆。双江书院没有菜谱，全靠厨师根据食客口味量身安排，"以食为书""以食为天""以食成礼""以食尽孝"是书院的"食文化"。这里的菜式或是来源于关于李调元的传说，或是源于《醒园录》，再结合用餐情况定做。

　　《醒园录》记载了相当数量的江浙菜式，酥鳞鱼、酒炖肉原是江浙名菜，酒炖肉的原型便是江苏名菜"东坡肉"，张奇志借鉴其中精髓，结合本地食材进行了私房化的改良与创新，做出了传统与现代结合、淮菜与川菜相融合的"醒园酒墩肉"。还有部分其他菜式，比如"文房四宝"，普通的羊肚菌被做成了毛笔的模样，颇有意境。

醒
园
酒
墩
肉

　　《醒园录》记载："酒炖肉法，新鲜肉一斤，刮洗干净，入水煮滚一二次，即出刀改成大方块。先以酒同水炖至七八分熟，加酱油一杯，花椒、大料、葱姜、桂皮一小片，不可盖锅。俟其将熟，盖锅以闷之，总以煨火为主。或先用油姜煮滚，下肉煮之，令皮略赤，然后用酒炖之，加酱油、椒、葱、香蕈之类。又，或将肉切成块，先用甜酱擦过，才下油烹之。"双江书院稍微改变了酒的运用，用醪糟等材料调成酒糟汁，味道层次更加丰富。

　　🌶 原料：带皮五花肉 500 克、八角 2 个、草果 2 个、沙姜 5 克、葱段 15 克、姜片 15 克、花椒 5 克、陈皮 7 克、醪糟 550 克、嫩糖色 200 毫升、盐 10 克、姜块、葱节、熟西蓝花、食用油各适量。

　　🍲 制法：1. 带皮五花肉用猛火烧皮后，再用水泡一下，刮洗净。然后放入加有姜块和葱节的沸水锅汆一水，捞出来改刀成约 4 厘米见方的块，待用。

2. 净锅入油，烧至五成热时，下入八角、草果、沙姜、葱段、姜片、花椒、陈皮、醪糟、嫩糖色和盐炒出味，掺入 1000 毫升清水烧开，制成酒糟汁待用。

3. 锅里垫竹箅，放上肉块，加入酒糟汁，小火煨至肉块软熟，起锅装盘，摆上熟西蓝花，即成。

鱼松
冻豆腐

《醒园录》分别介绍了鱼松和冻豆腐的做法。"做鱼松法，用粗丝鱼，如法去鳞肚，洗净。蒸略熟取出，去骨净尽，下好肉汤，煮数滚，取起，和甜酒，微醋、清酱，加八角末、姜汁、白糖、麻油少许和匀，下锅拌炒至干，取起，瓷罐收贮。"

"冻豆腐法，将冬天所冻豆腐，放背阴房内，候次年冰水化尽，入大磁瓮内，埋背阴土中，到六月取出会食，真佳品也。"二者皆白嫩诱人，冻豆腐又极易入味，罗江当地餐饮人索性合二而为一，制成一道"鱼松冻豆腐"。

原料：草鱼1条（约700克）、冻豆腐300克、熟青豆10克、枸杞5克，盐、味精、胡椒粉、高汤、湿淀粉、葱丝、食用油各适量。

制法：1. 草鱼洗净，去骨留肉，入油锅稍煎，加入高汤熬煮，捞出鱼肉剔出鱼刺后制成鱼松。熬鱼的高汤滤出鱼肉残渣，待用。

2. 净锅上火，放油烧热，放入鱼松炒干；另把冻豆腐切成均匀小块，待用。

3. 净锅掺熬过的高汤烧开，放入炒干的鱼松和冻豆腐块，放盐、味精和胡椒粉调好味，再下入熟青豆和枸杞略煮，勾薄芡起锅装盘，撒葱丝点缀即成。

才子

酥鳞鱼

《醒园录》记载："酥鱼法，不拘何鱼，即鲫鱼亦可。凡鱼，不去鳞不破肚，洗净。先用大葱厚铺锅底下，一重鱼，铺一重葱，鱼下完，加清酱少许，用好香油作汁，淹鱼一指，锅盖密。用高粱秆火煮之，至锅里不响为度，取起。吃之甚美，且可久藏不坏。"制作此菜，《醒园录》中用的是"煮"，而现代多用"炸"，先炸定型，再复炸至酥脆。

🌶 原料：鲫鱼4条（约750克）、红糖水50毫升、红酱油10毫升、花椒面5克、五香粉5克、红油30毫升，姜、葱、料酒、南乳、盐、油酥花生米、苦苣、辣椒丝、食用油各适量。

🍲 制法：1.鲫鱼洗净（不去鳞），纳盆加姜、葱、料酒、南乳和盐腌渍20分钟。

2.净锅上火，放油烧至高油温，逐条下入腌好的鲫鱼，待炸至定型，转小火慢炸至酥脆，起锅纳盆待用。

3.在酥鳞鱼盆中依次加入红糖水、红酱油、花椒面、五香粉和红油，拌匀后装盘，撒油酥花生米，摆上苦苣和烤过的辣椒丝，即成。

文／彭忠富　图／田道华

梓潼

Zitong

流入民间的宫廷御膳

　　梓潼位于川西北绵阳市境内，是个丘陵山区县。梓潼境内川陕公路两侧多为历朝历代种植的柏树，在驰名中外的翠云廊，许多柏树的树龄甚至可以追溯到秦始皇时期。七曲山大庙就位于翠云廊附近，是道教文神文昌帝君的祖庙。

　　除了翠云廊和七曲山大庙，梓潼镶碗也是梓潼县的一张名片。在梓潼本地，无论是婚丧嫁娶，还是宴请友客，镶碗都是主角之一。镶者，嵌也。多种食材组合在一只碗里，即是梓潼镶碗得名的缘由。

　　梓潼镶碗其实是大杂烩，里面的食材包括了肉末、豆腐干、粉丝、黄花菜、肥肠、肺片、酥肉等，制作起来费时费工。镶碗做得好不好，对于家庭主妇来说，手艺是关键；对于专业厨师而言，功力则是关键。没有成百上千次的训练，还真做不出地道的镶碗来。

　　一次在梓潼县城，我有幸品尝到一份地道的镶碗。厨师老王，已经做了三十多年镶碗。他介绍说，制作梓潼镶碗，光是蒸制食材就要进行四次，一点都不能马虎。肉末剁好后，用食盐、姜米、葱花、花椒等拌匀，放到矩形的不锈钢盘里，用手按压结实，使其成一个长方体，需注意在肉末和钢盘之间垫上纱布。接着，将肉末放进笼屉里蒸熟，耗时约一小时。

在蒸肉末的同时，分别准备适量的鸡蛋清和蛋黄，两者不能混合在一起，否则会影响肉末成品的形状和颜色。肉末蒸好出锅后，在其表面均匀抹上一层蛋黄液，入笼屉蒸十分钟后端出来，再在其表面抹上一层蛋清液，入锅再蒸十分钟即可。待其冷却后，切成片状即成镶碗的主料。

这种主料黄、白、肉色层次分明，看似午餐肉，但味道大不相同。将片状主料整齐码放于大海碗中，然后在上面加肥肠、酥肉、肺片、黄花菜、粉丝等其他原料，入锅再蒸十分钟。出锅后，像翻蒸肉一样将其倒扣在一只大碗里，这道赏心悦目、荤素搭配的梓潼镶碗就大功告成了。梓潼镶碗香酥软和，美味可口，是老少咸宜的传统美食。在梓潼本地的席桌上，梓潼镶碗一般会置于一席菜的正中央，这也说明了它在梓潼传统宴席中的地位。

据说梓潼镶碗源于宫廷御膳。安史之乱期间，唐明皇曾经入蜀避乱，路过梓潼，留下了"细雨霏微七曲旋，郎当有声哀玉环"的凄美故事，梓潼七曲山由此得名。镶碗，也许就是在那时随着皇族的没落而流传于梓潼民间的吧。如今沧海桑田，宫廷早已成为过眼云烟，梓潼镶碗也已走出深宅大院，成为人皆可食的寻常菜品。

文／九吃　图／九吃、田道华

剑阁
Jiange
剑门不只有豆腐

　　广元市的剑阁县，因诸葛亮在大小剑山之间架阁道三十里而得名，有"蜀道明珠"的美誉。"剑阁峥嵘而崔嵬，一夫当关，万夫莫开"，诗仙李白的一首《蜀道难》，让剑阁天下闻名。剑门关，是游客到剑阁必去的景点，集古道、古关、古柏于一体，融雄、奇、险、秀于一身。

　　作为历史文化名城，剑阁不止有一道剑门关，更拥有如画风景和无数美食。翠云廊，又称"皇柏""张飞柏"，由 13000 余株苍翠行道古柏组成，是目前世界上行道树中树龄最古老、数量最多、生长最集中、树种最珍稀、保存最完整的生态文化长廊。"不吃剑门豆腐，枉游天下雄关。"剑阁除了远近闻名的豆腐宴，还有诸多特色食材及美食。

剑阁土鸡

　　近年来，剑阁土鸡的名气特别响亮，就连成都的一些宾馆酒楼，

野板栗烧鸡

都以其名在招徕顾客。剑阁土鸡都有哪些特点呢？剑阁沁香源酒楼的老板邱远平先生告诉我们，剑阁土鸡以散养为主，不管是农户还是专业的养殖场，大都敞养土鸡——让鸡在野外自由活动，而这样散养出来的土鸡不仅肉质紧实、口感好，而且入肴的味道十分鲜美。

当天的午餐，邱先生为我们安排了一道板栗烧鸡，而这道普通的家常菜，竟受到了一致好评。邱先生也为大家揭开了谜底——这道菜选料讲究，鸡是他亲自去乡下收购的土鸡，板栗是产自当地山区的野生小板栗——口感软糯粉面，将两者搭配在一起烧制成菜，味道自然不同寻常。

其实在吃午饭之前，邱先生就带我们去剑阁城北镇石庙山，让大家参观了一处杜仲鸡养殖场。在茂密的杜仲林里，我们看到了成千上万只黑鸡和红鸡在自由地啄食。据养殖场的老板介绍，杜仲作为一种较为名贵的中药，具有补肝肾、强筋骨、降血脂血压等功效。剑阁县是四川杜仲最大的产区之一，仅该养殖场就有杜仲林 400 余亩。而这里的养鸡方法也与众不同，刚孵出来的雏鸡就散养在杜仲林里，任其自由地啄食虫蚁草籽，同时投喂玉米、豆粕等五谷杂粮，在这些杂粮当中，还特别添加了杜仲皮（叶）、山药等中药材……这样喂养出来的土鸡，肉质结实有弹性，其营养也高于一般的鸡，可谓是土鸡当中的"战斗机"。当然，这种鸡的卖价也不菲。

剑门火腿

在沁香源酒楼时，我们还被一道腊味拼盘所吸引，这道由腊猪舌、腊鸡和火腿组成的拼盘，虽然外表其貌不扬，但入口的感觉却相当美妙——腊味浓郁，食后唇齿留香。大家当时就议论纷纷，有人说：剑阁山区的特殊气候，本来就适合制作各种腊味，可是剑阁的火腿如此

旱蒸剑门火腿

鲜美就出乎意料了。邱先生告诉大家，桌上的腊猪舌、腊鸡和火腿，都是剑阁当地所产。

在来剑阁之前，我们就了解到当地有"腊肉之乡"的美誉。剑阁境内多山，每年进入腊月后，气温、湿度正好适合腌制腊肉。另一方面，剑阁当地农家养猪相当普遍，并且大都是用自产的五谷杂粮来喂养，这也为制作腊味提供了良好的原料。剑门腊肉、剑门火腿、蝴蝶猪头，这些都是当地的土特产。在我们的行程计划中，本来是没有安排参观腌腊品加工的，但在大家的一致要求下，最后我们还是决定去厂家实地探访。

在邱远平先生的带领下，大家吃完饭便浩浩荡荡地前往剑阁老县城边的一个食品加工厂。在该厂的加工房内，我们看到堆积如山的火腿。工人们正在对这些已经自然发酵完毕的火腿做最后的处理。这家食品厂的老总饶和全先生，现场向大家介绍了剑门火腿的特点及加工过程。

剑门火腿选用肥瘦适度的猪腿为料，于每年立冬时开始下料，在经过腌、洗、晒、整型、腌制发酵等数道工序后，历时数月方能制作完成。剑门火腿爪弯腿直，腿心丰满，色泽金黄，状如琵琶。将火腿切开，只见瘦肉嫣红，肥肉乳白，肉质干爽且富有弹性。其味清香纯正、咸淡可口，肥不腻口、瘦不嵌牙。

当天饶和全先生还向我们交流了处理火腿的经验。首先，要将火腿表面用火燎烧一遍，放水盆里刮洗干净后斩成大块，再用清水浸泡24小时。入笼蒸熟后，取出来直接改刀装盘上桌，或者是与其他原料搭配做菜。

土酸菜

在剑阁老县城的菜市场上，我们见到了不少用盆或桶装着出售的酸菜。这种酸菜色泽微黄，已经被切成了短节，摊主都是以勺为计量单位出售，一勺卖三毛或五毛，根据买主的要求，最后还可以单独舀一些酸水进去。同行的邱远平先生给我们解释说："这叫土酸菜，是剑阁人平时家里最常用到的一种调辅料。因为剑阁一带的饮用水质偏硬，故当地人普遍喜欢吃酸菜以平衡身体的酸碱度。"

剑阁土酸菜与四川其他地方的酸菜在做法上差别很大，似乎更接近西北地区民间的浆水酸菜。制作土酸菜，选用的原料是山油菜（收割油菜时，掉在地里的油菜籽长出来的幼苗）、莲花白、萝卜缨等蔬菜。先把山油菜洗净并切成短节，投入沸水锅汆一水后，捞出来沥水，放进瓦缸（或盆里）并倒入老酸水（如果没有老酸水，可以用1升温热水和200克面粉放一起调匀，倒在缸里）。密封好以后，夏天放置一两天，冬天放置两三天，便可取出来做菜了。邱先生特别提醒，在制作剑阁土酸菜时，一点盐都不能放，就连老酸水里也不能加盐，否则酸菜一旦"敞风"就要变黑。另外，不管是选用什么蔬菜来制作土酸菜，都可以加一点芹菜节以增香。

剑阁人吃土酸菜的方法很多，酸菜面馍馍、酸菜豆花稀饭等，都是当地人喜欢吃的特色菜点。在剑阁沁香源酒楼，我们吃到的酸菜刀尖丸子和酸菜面花，无论做法还是味道，都受到了大家的一致好评。

刀尖丸子，指的是用菜刀的尖端刮制成形的一种肉丸子，其制法在四川各地民间都比较常见，只不过剑阁县的厨师在制作刀尖丸子时，还加了豆腐，并且以土酸菜来调味，故丸子口感更为细嫩，汤鲜味美且略带酸香。

酸菜面馓馓

米豆腐

米凉粉是四川常见的乡土原料，前些年，大厨们将其与鲍鱼等高档食材搭配，从而创造了米凉粉烧鲍鱼仔之类的流行菜。这次我们在剑阁和广元的菜市场上，竟发现了用大米为原料制作的另一种乡土食材——米豆腐。米凉粉水分重，质地细嫩，可米豆腐的水分含量要少得多，质地相对结实，当地菜市场上那些切成块的米豆腐成品，都是像砖头一样摞着出售的。

逛菜市场我们还发现，当地的米豆腐其实有两种形状，一种是黄褐色的方块形，另一种是色泽微黄的圆柱形，这自然吸引了大家的注意力，有人当场就掏钱买了几条。据邱远平先生介绍，米豆腐是广元、剑阁一带的乡土特色原料，以隔年米为料制作出来品质最佳，如果是用新米来做，效果反倒是不好。

煎米豆腐

　　广元山里来酒楼的总厨伏正全师傅，也是剑阁人，他特意向我们介绍了米豆腐的制法：先把柴灰放入桶里和水搅匀，再把装有大米的布袋浸到桶里。浸泡一夜后，布袋当中的大米会逐渐变黄，这时倒出大米淘净，用石磨磨成浆，再倒进柴火锅煮熟，最后倒进方形模具或圆柱形的模具内，晾冷便成。

　　伏师傅还告诉大家，按传统方法制作的米豆腐色泽都比较深，碱味较轻且口感好，而现在的一些作坊批量生产米豆腐时，往往省去了用柴灰水浸泡的过程，他们直接用清水浸泡大米，打成米浆，入锅煮制时加入食碱搅匀，从而促使其凝固。加食用碱制作的米豆腐，虽然色泽较浅，但碱味却较重，当然口感也不如用传统方法制作出来的米豆腐。米豆腐可以采用煎、炸、烤、炒等技法来做菜，也可以用来涮烫火锅。

剑州里脊是剑阁县的一道传统菜，其特点是肉少糊多，下油锅炸制后，外表金黄酥硬，内部松泡起孔。

原料：猪里脊75克、鸡蛋2个，面粉、淀粉各75克，姜米、蒜米、葱末各10克，生菜油50毫升，葱花、盐、味精、白糖、醋、湿淀粉、熟菜油各适量。

制法：1. 把猪里脊切成小片。另把鸡蛋磕盆里，用筷子打散，再加入面粉、淀粉和生菜油一起搅匀，最后加入盐调成较稠的全蛋糊。

2. 往净锅里注入熟菜油，烧至四成热时端离火口，先把肉片放入全蛋糊里和匀，再用筷子挑起一团糊下入油锅，逐一挑完后，上火炸至里脊肉浮起便捞出来，等锅里的油温升高时，再重新下锅炸至表面金黄酥硬，捞出来沥油待用。

3. 锅里留少许底油，下姜米、蒜米和葱末炒香，掺入适量清水并加盐、味精、白糖和醋调成甜酸味，等用湿淀粉勾二流芡(半流体的芡汁)时，下入炸好的里脊，撒上葱花，翻匀便可出锅装盘。

关键：调糊时，一定要按照顺序下料，否则调不匀，且在炸制时，也不会有内部松软起孔的效果。

文、图/张先文

巴中
Bazhong

大巴山深处的乡土菜

　　巴中位于四川盆地的东北部，地处大巴山系的米仓山南麓，素有"红军之乡"和"川东北氧吧"之称。因巴中地处偏远山区，通火车和高速公路也是近几年的事，所以当地的菜品受外来菜的影响比较小，乡土风味保持得较好，而大巴山特有的食材又给乡土菜的制作提供了有力的保证，称得上"本真的乡土菜"。

　　巴中当地菜品大都保持了食材的原汁原味，特别是大山里出产的野菜，更是绿色生态。巴中的野菜、白芦笋等颇有特点，而其下辖三个县的特色食材也较多，如南江的黄羊、平昌的河鱼和通江的银耳等。另外，当地人把本地出产的一些原料经过加工做成半成品，也是制作乡土菜的重要原料。

大山深处多食材

　　芦笋是一种比较常见的食材，其营养价值丰富，味道鲜美芳香，口感脆嫩，号称"蔬菜之王"。可是在巴中有一种芦笋却通身雪白，名叫白芦笋，是巴中的特产，曾经一度是当地出口创汇的产品。

其实，白芦笋与绿芦笋是同一种原料，只不过两者的种植过程不同。绿芦笋的翠绿色是光合作用的结果，而白芦笋的整个生长过程都是不见光的。只要芦笋从土里长出一点，就要用泥土盖住，以实现完全避光，这有些类似于韭黄的栽培过程。更为夸张的是，白芦笋连采收都需要在夜间进行。将两者相对比，绿芦笋富含较多叶绿素，而白芦笋则有更多微量元素。

一株"优秀"的白芦笋身材粗壮肥大、"腰杆"笔直、味道甘甜且香气浓郁。根据白芦笋的等级划分标准，顶级的白芦笋有时可以卖到一两百元一斤。我们这次在巴中见到的白芦笋卖二三十元一斤，比一般的绿芦笋要贵数倍。另外，它只有每年四月和五月出产，产量稀少，又需要悉心培养，所以贵也是有道理的。白芦笋可生食、清炒或焯水后蘸酱汁食用。酱汁调味清淡，以突出白芦笋自身的独特香味。

江口青鲌是巴中平昌县的特产，其产地范围为平昌县澌岸乡、兰草镇、坦溪镇、元石乡、涵水镇、岳家镇、响滩镇、白衣镇、江口镇等乡镇。江口青鲌虽然属鲌鱼的一个种类，但它与花鲢这种鲌鱼有天壤之别，其体呈棒状，身呈青黑色，背部鳞片带紫绿色光泽，其肉洁白、紧实、细滑。江口青鲌用来熬汤、红烧、清蒸、粉蒸，甚至油炸至酥，味道均佳。

灰儿汉又叫灰灰菜，属一年生草本植物，其幼苗和嫩茎叶均可食用，口感柔嫩。灰儿汉主要生长于田间、地边，它的吃法多样，既可汆水后凉拌、直接下油锅清炒，也可加米粉拌匀后粉蒸，还可与玉米面拌匀后做成窝窝头。

笔山小土豆是平昌县笔山镇出产的一种特色土豆。笔山镇海拔高，出产的小土豆均匀滚圆，有拇指大小，其特点是久煮不散，粉糯可口。笔山小土豆多用于烧菜，也可切片炒制，还可制成土豆泥。

车前草属一年生或二年生草本植物，多生长于草地、河滩、沟边、田间及路旁。这种野菜在当地常用来炖汤，以降热清火，通常做法是猪排骨和猪棒骨配绿豆，再与车前草一起小火炖制。另外，车前草四五月间的嫩幼苗可在汆水后，用来凉拌、蘸食、炒食、做馅料，或者和入面团里蒸食。

在平昌县，我们见到了一种长得又粗壮又长的大蒜苗，其整个根部就像是一颗大蒜，而茎比山东大葱还要粗壮。据当地朋友介绍，这种大蒜苗是当地特产，蒜味浓郁。大蒜苗既可以炒回锅肉，也可以素炒，口感爽脆。另外，大蒜薹是大蒜苗长出来的蒜薹，比一般的蒜薹要粗大很多，口感更脆嫩。一般说来，大蒜薹的绿色部分可用来作配料或清炒，而白色部分则可用来做洗澡泡菜。

茼蒿为人所熟悉，它是菊科一年生或二年生草本植物，茎叶嫩时可食用，亦可入药，其味有蒿之清气和菊之甘香。茼蒿分为小叶茼蒿和大叶茼蒿两种，常见的大都是小叶茼蒿。这次我们在平昌县既见到了小叶茼蒿，也见到了大叶茼蒿。

小叶茼蒿又称花叶茼蒿、细叶茼蒿。其叶狭小，叶肉较薄，茎枝较细，香味浓。小叶茼蒿常见的吃法是生拌、清炒和煮汤，而巴中地区常把它加米粉后蒸制成菜。大叶茼蒿又称板叶茼蒿、货圆叶茼蒿，叶片大而肥厚，呈匙形，有蜡粉，茎短节密而粗，质地柔嫩，纤维少。大叶茼蒿常见的吃法是汆水后凉拌或清炒，当地人喜欢用它来煮丸子汤。

鱼香子，学名为九层塔，既不是薄荷，也不是藿香。不过，它们

白芦笋

三者都属于同一个科属，味道也比较相近，芳香味浓郁，一般是切碎后作为调料使用，特别是烹制鱼类菜肴时，出锅前撒些鱼香子可以起到提味的作用。

半成品原料入肴香

巴中的萝卜夹与川南地区的风萝卜有些类似，都是把萝卜切成粗条或厚片，再挂在竹篾片上晾晒而成。只不过萝卜夹是晒干，而风萝卜是风干。萝卜夹在巴中主要用来与腊猪蹄、腊肉、腊排骨等一起炖制成菜。

巴中有一种鲜魔芋制品，从表面看与平常在菜市场见到的类似，但其质地更紧实硬挺。这种鲜魔芋是把魔芋切成块后，与泡涨的大米一起打成浆，再加草木灰水搅匀，然后入笼蒸制而成。它可加泡酸菜烧成菜，也可与土鸭一起烧。

芝麻壳是巴中的名小吃，由于表面粘有许多芝麻，内空心，只有上下两层壳而得名。芝麻壳为全手工制作，先把面粉加盐和清水揉成面团，稍饧（烹饪术语，意指面剂子变软）便下剂并擀成圆片，粘匀芝麻后送入炉火里烤制而成。以前，芝麻壳常被当作主食，现在多作配料，如用来炒回锅肉、夹馅料等。

平昌县驷马镇出产的豆瓣在巴中地区很有名气。驷马豆瓣与郫县豆瓣不同，它可用作蘸碟或下饭的咸菜直接食用，其色泽油润、香味醇厚。驷马豆瓣采用民间作坊手工加工方式，先把大巴山所产的黄荆叶和香樟叶发酵出活性食用酶，再与霉胡豆瓣和手工剁碎的本地辣椒拌匀，然后加盐、花椒、白酒、团葱、新鲜大蒜瓣、子姜片和苦蕌拌匀，最后装坛并淋入生菜油封口，放阴凉通风处发酵半年以上，即可开坛食用。驷马豆瓣里加团葱、新鲜大蒜瓣、子姜片、苦蕌等配料是它最大的特色。

米豆腐、大蒜苗

胶头也颇有特色，类似肉糕，做法是先把猪肉搅碎，再加土鸡蛋、豆腐碎、胡萝卜粒和海带粒拌匀，待加入盐和淀粉搅打上劲后，制成团并搓成长条，入笼蒸熟即好。

胶头是制作"品碗"必不可少的原料，制作品碗时把胶头切成厚片，与其他原料一起摆碗，上笼蒸制而成。也可把胶头切成条，再与青笋条烧烩成菜。

盐菜各地都有，而巴中的盐菜分新盐菜和老盐菜两种。虽然两种盐菜做法相同，但新盐菜腌渍的时间较短，只需半年到一年，色泽呈暗绿色，而老盐菜腌渍时间较长，需两年以上，色泽黄润。一般新盐菜可加其他配料炒成下饭菜，如黑豆豉、水豆豉等，而老盐菜多用于蒸烧白或烧汤提味。

米豆腐是巴中的特色食品。与成都的米豆腐不同，虽然都是大米制作，但成都的米豆腐应该叫米凉粉，冷热皆可食用，而巴中的米豆腐只能热吃。原因是成都米豆腐的浆液调得稀一些，而巴中米豆腐的浆液调得稠一些。巴中米豆腐一般都做成长条状，最简单的吃法是切成块或片后，入笼蒸透，再蘸上驷马豆瓣食用，也可以切片后炒腊肉或回锅肉。

在平昌县的街头巷尾均有人制作出售平昌油炸鱼，这主要得益于该县丰富的鱼类资源。平昌油炸鱼主要以大河里的普通草鱼、鲤鱼、鲢鱼为原料，若要吃到用江口青鳝做的油炸鱼，需要特别订制。这种油炸鱼一般为麻辣味，制作时先把鱼肉切成长条，再加盐、醪糟汁、辣椒面和花椒面拌匀，腌至入味。另外准备好用盐、细米粉、泡打粉和清水调好的稠糊。等锅里的菜油烧热后，用筷子夹起一根鱼条裹匀米粉糊，下入油锅小火炸制，逐一把鱼条夹入油锅，见鱼条炸至色呈金黄且酥脆时，捞出来沥油，即好。油炸鱼不仅是下酒的好菜，也可当作零食，凉后回软时，只需放微波炉里稍加热，便又酥脆了。

阆中

Langzhong

文／刘乾坤　图／甘霖

美食飘香的古城

阆中古城据说是中国远古帝王伏羲出生之地，在新石器时代，这里便有人类栖息繁衍。到了周朝，周武王分封亲族姬姓于巴，定都江州，号为巴子国。由于一直受到楚国的侵扰，巴国不断往北迁移，大约在周显王三十九年（公元前 330 年）便将都城迁到了阆中，自此，阆中成为巴国的都城。

秦惠文王更元十一年（公元前 314 年），秦灭巴蜀，建巴郡，并置阆中县，至今已有 2300 余年的历史。阆中与云南丽江、山西平遥、安徽歙县一起，被誉为我国保存最完好的四座古城。

阆中古城外青山环峙，嘉陵江绕城而过，清澈和缓。城内的建筑将古代中国的风水学与建筑学结合得非常完好，是一座值得去认真品味游玩的古城。100 多条或东西或南北走向的街道纵横交错，将旧城分隔成一个个的方形民居院落，有五分之一的街道仍保存着唐宋时期的格局。现存 2 处元代建筑，4 处明代建筑，12 处清代前期的殿堂建筑，

以及众多唐宋以来的街市和古民居。

信步于古城，最让人喜欢的是一城的烟火气——随处可见的张飞牛肉、保宁蒸馍，还有随处可以闻到的醋香，连接大街的小巷子，木板墙上挂着正在风干的白萝卜红萝卜，以及晾晒得褐红的腊肉香肠。如果是饭点时分经过这些小巷，你还会看到不少人端着碗当街午餐……而一些极具特色的美食铺子，就与这些居民为邻，为远客近邻奉献一道道承载岁月流香的传统美食。

羊杂面

至今仍非常想念阆中的羊杂面，汤宽而鲜香，在冬天，一碗热气腾腾的羊杂面可以让身体暖和，让人感受到美食的鲜香与温暖。在四川，百姓普遍认为冬天多吃羊肉，可以驱寒祛湿，是否有确切的效果不得

羊杂面

而知，但用羊肉或羊杂作为小吃的臊子，却是一种特色美食，为小众顾客所钟爱。

羊杂面馆散落在古城的街巷中，小小的方桌或条桌上，摆着几样简单的调味品，最为特别的是一碟大蒜，这样的陈设带有浓郁的北方印迹。在川菜的餐厅或小吃店中，一般不会摆放生大蒜，而在北方的餐厅和小吃店里却是较为普遍。蒜碟的边上，是醋和红油，由客人自己添加。

羊杂面，当地人叫羊杂碎面，根据《古城阆中》一书考证："牛羊杂碎面，是民国时期才出现的。"距今也有上百年的历史，这与当地回族居民较多有一定的关系。东南西北的中国人都有吃动物内脏的喜好，这些内脏叫杂或杂碎、杂割。羊宰好后，清洗好的内脏单独煮好，然后切成小片，再放入原汤中加热保温，即吃即舀。后来，有人想到用羊杂碎来做面的臊子，将原汤和羊杂舀在面上，一碗香气扑鼻的羊杂面便成了这座古城最让人怀想的早餐。

在大多数人的饮食习惯中，要喝原味的汤，我一般是"两吃"。当羊杂面端上来时，看到上面撒着新鲜的芫荽、葱花，青白相间，先喝一点汤，吃几夹清汤羊杂面，然后再加入红油和醋，改为红味的酸辣面。吃面，我和大多数四川人一样，习惯红味的面。通常在阆中吃羊杂面，即便加了醋和红油，依然在这酸辣味中能找到强烈的原汤的鲜香，面吃完，汤自然也一滴不剩。这是我在阆中的好几个冬天里最为难忘的美食记忆。

热凉粉

过去阆中古城内有两家凉粉很有名，一家姓梁，一家姓田，当地人称为"梁凉粉"和"田凉粉"，现在经营户多了，哪家好吃，各有所爱。

热凉粉与普通凉粉有很大的不同。普通的凉粉，是将冷凝成固态的凉粉切成粗丝、条块，或用一种叫旋子的工具旋成长条状，装于碗中，放上佐料，既可作为小吃品尝，也可出现在酒楼的餐桌上成为一道凉菜，其特点是鲜嫩滑爽，酸辣利口。

热凉粉是将豌豆粉用开水冲调成糊状，然后加入精盐、姜末、蒜粒、酱油、醋、糖、辣椒油、花椒面、大头菜粒、葱花，一起搅拌，舀一勺入口，既有热凉粉的烫滑，也有佐料的复合滋味，让人感受满口生津的美妙。

保宁醋：药醋瑰宝

阆中的保宁醋远近闻名，据说每个月醋厂发酵那几天，全城都能闻到醋香。保宁醋被称为"药醋"，有据可考的酿造时间大约在1644年左右，距今有近400年历史。保宁一词始于唐长兴元年（公元936年），当时在阆中设立保宁军事治所，时称保宁府。

保宁醋对川菜的影响极大，在老一辈厨师中，有一句口头禅："新繁韭黄保宁醋。"是说在成都一带的川菜中，有道醒酒汤，简单来说就是韭黄酸汤，但厨师们偏爱用保宁的醋来勾调这道汤。在物流还不甚发达的过去，甚至还有"离开保宁醋，川菜无客顾"一说。

这保宁醋是中国麸醋的代表之一，与镇江香醋、山西老陈醋和永春老醋并称为"中国四大名醋"，其特点是酿醋用的药曲由中药制成。制作保宁醋的主料是麸皮、小麦、大米和糯米，而酿醋的曲子则由五味子、白蔻、砂仁、杜仲、荆芥等60多味中药制成，因此又有药醋之说。除了数百年传承至今的独特风味，现代科研也证明，保宁醋的营养价值较高：除含有 18 种人体需要的氨基酸外，还含有十几种微量元素，如锌、铜、铁、钾等，具有一定的开胃健脾、增进食欲的功效。

阆苑三绝：一碗家乡味

在阆中，不少餐厅都在经营"阆苑三绝"，这也是很难在别处吃到的阆中美食，由三种当地特产：保宁醋、保宁蒸馍和张飞牛肉组合而成。

保宁蒸馍的发酵方法很传统，没有添加食用碱，在自然条件上培养自然酵素，依据不同季节的温度把握发酵时间，做出的蒸馍有浓郁的曲香麦香，色白如雪，入口甜香绵软，阆中当地人的早餐多为这道蒸馍。

张飞牛肉是保宁干牛肉的代表之一，在阆中有风干牛肉和熟干牛肉两种牛肉食品，熟干牛肉是一种卤牛肉，入口特别细嫩，这源于制作时的选料和工艺。选好牛肉后，去掉筋膜，加上盐、香料腌制，这个过程中，要反复揉搓，去掉肉中的血水，再放入土陶坛中发酵几天，然后卤制，出锅晾干水汽，即成熟干牛肉，是古城中随处可见的美食。

餐饮经营者将古城的三种特色食品组合成一道汤菜，取名阆苑三绝。其制作方法并不复杂，将保宁蒸馍和熟干牛肉切成 1.5 厘米见方的丁，入锅炸至四面微焦，然后掺入高汤、姜米，小火熬煮，再加入盐、酱油和保宁醋，此菜酸咸味，开味提神，风味独特。

阆中古城中还有一些小吃是别处少见的，如油馕，还有不用食用碱发酵制作的锭子锅盔、白糖烧饼、白糖蒸馍等。如果喜欢吃酸菜，到了阆中，千万别忘了品尝一下酸菜豆花面。

早市里的阆中古城

文／罗熠　图／田道华、林风

当第一缕晨光洒进古城，笼罩在灰瓦上的薄雾尚未完全散去，长街小巷已经苏醒过来。店铺的木条门板被依次卸下，"吱呀"之声连绵不绝，不同的食物香气从或新或旧的招幌下飘荡出来，一家家店主正在熟稔地展示自己的手艺，迎接当天第一拨食客。

像这样活色生香的早市图景，每天都在阆中古城里上演。

一个地方早餐品种的多寡程度，也可以从一个侧面反映出它的历史积淀。以我有限的旅行经历来看，论及早餐的丰富程度，至少在县级城市里，比得上阆中城的委实不多。

毕竟这座小城也曾经"阔绰"过——嘉陵江与米仓道的交汇让这里成为北方人入川的交通要道和物资集散地，自东汉设巴西郡以来，此地又成了两千多年的州郡府道的驻地，明清两代这里更是成为川北政治中心，是曾经朱绂满路、商贾云集之地。北方的移民带来了种类繁多的面食，融入本地时又增添了巴蜀特色。

1949 年后，这里一度成为三线建设的要地，丝绸工业的崛起让产业工人群体有了追求饮食享受的闲钱，远道而来的上海移民又让这里的饮食染上了精致的"海派"风气。诸多因素的交汇融合，才让这座小城有了如此丰富的早餐品种。

牛肉面：早餐的"C 位"

在诸多早餐品种里，牛肉面是毫无争议的"C 位"。牛肉凉面，又叫"热凉面""牛肉臊子面"，不过阆中人都简称其为"牛肉面"。这种在外地毫无知名度的小吃，却是每个阆中人的乡愁所在。

阆中牛肉面的面条与四川凉面做法大同小异，最能体现其特色的则是其浇头，即臊子。制作牛肉面的臊子十分费工费时，要先选牛身肋条部位，最好是肥瘦相间的"五花牛肉"，将其切成两厘米见方的牛肉丁，配以十余种不同的调料，下锅烧熟。再在锅中炒糖成色，加入牛骨高汤和已烧熟的牛肉粒。最后用水发豆粉、苕粉入锅勾成浓芡汁。经过如此多道工序后，方能制成一锅黑亮而香气扑鼻的臊子。

吃牛肉面的时候，只需挑起一团香油拌匀的凉面搁在碗里，垫上韭菜、豆芽、芹菜、芫荽，再淋上一勺热乎乎的臊子，视个人口味加上干辣椒粉和蒜泥，就可以大快朵颐了。

显而易见，阆中牛肉面那独具特色的臊子有着明显的外来痕迹，川菜中很少用到浓芡勾汤的技艺，而这种技法在北方一些地区更为常见，比如河南特产胡辣汤的做法便和阆中牛肉面有着异曲同工之妙。陕西也盛行喝胡辣汤，而历史上阆中作为北方出川要道，与陕西交往

阆中牛肉面

密切。

据清代咸丰《阆中县志·户口志》记载："阆之所谓土著者，大半客籍，以其毗连陕西，故陕西人为多。"对于这一记载，位于城内公园路、至今保存完好的"陕西会馆"可作佐证。所以很可能是某位先辈从陕西引入了这一技法，与本土凉面相结合，从而诞生了这一别有风味的小吃。

虽然谁是阆中牛肉面的最初发明者已无从查考，但第一家对外营业的牛肉面馆却有据可查：据记载，阆中第一家牛肉面馆是 1931 年前后在郎家拐街开业的"唐凉面"，创始人唐联三。可惜 1953 年时唐联三因年老体衰，腿病发作而停业，"唐凉面"也从此消失于市面。

虽然"唐凉面"消失了，但牛肉面的制作技艺并未失传，反而越发兴盛。继"唐凉面"后，另一家声名远播的牛肉面馆当属老市场附近的"哈凉面"，这家馆子是改革开放后阆中古城最早开业的私营牛肉面馆，在 20 世纪 80 年代可谓独领风骚。此外"彭记""德慧"等，也是开了数十年的老字号牛肉面馆。

阆中牛肉面发展至今，牛肉面馆数量之多，可能会让任何一个初来乍到的外地人惊讶，不管大街小巷，只要多走几步必定会看到一家牛肉面馆，许多人从小到大天天吃，却少有人吃腻过。

方便省事自然是阆中牛肉面的一大好处，但它既有快餐的方便，又有悠长的余味：醇厚的汤汁、绵软的面条、脆生的豆芽、清香的韭菜、酥软的牛肉嚼在一起，那是一种很难用语言描述的滋味。特别是遇上味道好的牛肉面馆子，当你把整整一碗面和着臊子下肚后，嘴里会慢慢泛起一种绵长的余香，回味良久。

由于受到北方饮食习惯的影响，比起四川别的城市，阆中小吃的

搭配小笼包的红油

一大特点，便是面食种类繁多。就面条而言，在阆中还能吃到牛杂面、羊杂面、杂酱面、酸菜豆花面、吊汤扯面等，这些颇具特色的面条也各有拥趸，有些老字号店铺已经传承数代，依然长盛不衰。

蘸红油的小笼包

20世纪60年代，五千余名上海工人响应国家号召，支援"三线建设"扎根这座小城，机缘巧合地带来了注重精细、讲究鲜美的上海饮食文化。众所周知，小笼包在江浙一带最为兴盛，阆中的小笼包便是海派饮食传入四川的产物。

北街的"赵包子"、王爷庙街的"马记包子"都是阆中古城早市里的明星店铺，它们的小笼包极具特色，一是格外的小，几乎可以一口一个；二是包子一定要配着葱花棒骨汤，蘸着红油吃。尤其是那一碟红油，已经成了小笼包的灵魂，同样一个包子，蘸没蘸红油完全是两种味道。我在很多地方吃过小笼包，但需要蘸着红油吃的没见过——这大概是外来食物与四川本地风味融合的绝佳范例。

"阴阳调和"的油茶馓子

如果说上面几种早餐品种都有着明显的外来痕迹，那么另一种颇受欢迎的早餐——油茶馓子，则代表四川本地小吃在阆中早市里固守阵地。顾名思义，它由油茶和馓子两部分组成。

油茶的做法是将大米磨成粉，加水调成糊状再用文火煮沸；馓子则是用面团抻成筷子粗细、梳子状的长条，入锅油炸而成。吃的时候，只需舀起一碗油茶，撒入切碎的大头菜和花生，加入辣椒油和花椒面，再拌入捏碎的馓子即可，食之色、香、味俱全。油茶和馓子，一米一面，一热一冷，一软一硬，一柔一脆，两种性质对立的食品，却在同一碗早餐里和衷共济、缺一不可，颇有些中国传统文化中"阴阳调和"的意味。

这就是阆中古城的早市，无论你是初来乍到，还是久居于此，都可以寻觅到不同的滋味。它们或热辣，或醇厚，或浓郁，或鲜美，它们是游客的惊喜，是游子的乡愁，它们异彩纷呈，却又包容和谐。

注："唐凉面"的创始人，各种资料中有"唐联三"和"唐顺先"两种说法，此处采用《阆中县志》和《阆中民间传统文化集成》的说法。

独一无二的馒头

文、图/九吃

　　在阆中城里的大街小巷，游客进许多商铺都能见到保宁蒸馍。那么这保宁蒸馍究竟有何不同寻常之处呢？我们还是先从它的相关历史说起吧。

　　据当地朋友介绍，保宁蒸馍历史悠久，早在三国时代，蜀将张飞在镇守阆中期间，所辖军队皆以蒸馍作为主食。其馍硕大，形若童枕，故又被称为"枕头馍"。这种馍在行军作战期间，便于携带，食之方便，而后人为纪念张将军，便给蒸馍改名叫"将军馍"。清乾隆初年时，移居阆中的回族居民哈公奎正是在将军馍的基础上，融入来自西北祖传的胡饼耐存秘诀，进而创制出了白糖桂花蒸馍。由于此馍色味俱佳且久存不腐，故很快就名声大噪，声名远播。

　　清咸丰元年（公元 1851 年）的《阆中县志》，也对当时的保宁蒸馍有所记录："保宁面、最知名。川省之麦花于夜，而邑中之麦独花于午，磨而为面，有如乾雪，以重箩筛之蒸为馒首，名曰蒸馍，远行者携至

保宁蒸馍制作环节之老面、切条

千里外，虽外霉而内燥，蒸之移时，而色、香、味、型如故。"也正是因为有这些特点，保宁蒸馍早在20世纪初就曾经获得过如"四川省劝业会金奖"等诸多奖项，同时，又以其不加碱和贮存时间长的特性，被誉为"全国独一无二的馒头"。

在阆中市区的公园路附近，至今仍有一条名叫"蒸馍巷"的小巷。那天早上，我们特意去那里并参观了当地最大的一家蒸馍企业——被国家授予"中华老字号"称号的四川保宁蒸馍有限公司，对保宁蒸馍的制作工艺及流程也才有了一个大致的了解。

原来，保宁蒸馍不仅采用了传统工艺，按照传统的配方比例取老面来发酵（不用纯碱和其他添加剂），而且还要经过"机器和面—按压折叠—切条扯剂—揉制面坯—静置饧发—上笼蒸制—晾凉盖章"等

保宁蒸馍制作环节之出笼、盛装

十多道手工或半机械式的制作环节。

在制作现场我们看到，这里蒸馍时用到了硕大的不锈钢蒸笼，层层叠架差不多有二十层，一次就能蒸出一千多个蒸馍。端下架的蒸笼热气缭绕，而出笼的每一个蒸馍中间，都自然地裂开成两瓣，外皮细滑、色白柔软。我们现场品尝刚蒸出来的蒸馍，入口软糯香甜，咀嚼时也不粘牙。

保宁蒸馍的吃法，除了加热后直接食用，还可以用来做成鸡蛋醪糟泡蒸馍、牛羊杂碎泡蒸馍、川北凉粉拌蒸馍、蒸馍炒肉片等佳肴。在传统的手工米面食品工艺的基础上，这家保宁蒸馍公司还衍生出了桂花蒸馍、状元蒸馍、蜂蜜蒸馍、将军馍、张飞烧馍、保宁月饼、保宁烧饼、保宁锭子锅盔、保宁寿桃等 50 多个副产品。

文／山野　图／林风

盐亭
Yanting

无饭不酸菜

　　酸菜很多地方都有，比如进饭店，食客们爱点的与酸菜有关的美味佳肴酸菜鱼、酸菜粉丝汤等。这些也都是川菜中的代表菜肴。事实上，四川盐亭县的酸菜与这些酸菜不同，也有别于其他地方的。之所以这样说是有原因的，初冬时节，白萝卜大量上市，白萝卜可炖可炒，盐亭人素来讲究节俭，白萝卜吃了，萝卜缨子也不浪费，做成酸菜。

　　在盐亭人看来，外地人说的酸菜，其实应该叫泡菜，因为是用泡菜坛子加盐和其他调料腌制的。而盐亭酸菜的做法大不相同，不是腌，而是榨，也完全不用盐，类似于煮但又不完全是，因为菜比水多得多。将萝卜缨子洗干净，一层一层堆放在一口大铁锅里，压上木盆或其他什么盖子，然后用火煮。待层层叠叠堆放得像一座山似的萝卜缨子塌下来后，上下翻动一下，继续煮，直到所有的菜都变了颜色，用手轻轻一按掐得动，这才歇火。待全部冷却后，就把煮熟的萝卜缨子捞出

盐亭酸菜原料大青菜

来放到木桶里，最后舀上榨菜的水，盖上盖子。经过这样处理的萝卜缨子吃上十天半个月都没有任何问题。还可以把它们挂在树枝或者晾衣服的竹竿上晒制成干酸菜，正二三月可用来煮稀饭、烧汤、吃面。

榨酸菜，最好是用大青菜，也就是我们常说的"家菜"。之所以说盐亭酸菜特别，还有一个原因就是它地域性比较强，比如离此不远的绵阳，许多人吃不惯这种榨制的酸菜。盐亭人却以此作为主要食材，烹制出了不少美味。

其一，蓑衣干饭。冬腊月的时候，家里腌了腊肉，将酸菜淘洗干净，拧干切成细末，并将腊肉切成丁备用。然后锅里掺水，放入米（水要宽）煮至七分熟关火，煮好的米倒入洗干净的筲箕沥干。这时再生火，将切好的腊肉丁放到锅里翻炒直至出油，加上少许盐、自制辣椒酱及酸菜炒匀，最后倒入沥水后的米粒，再加少许水，用筷子插上气眼，

盖上锅盖蒸，用不了几分钟，蓑衣干饭就做好了。起锅的时候将米与酸菜拌匀，吃到嘴里，有滋有味。大概就是因为这细细长长、有盐有味的酸菜像下雨时农户披在背上的蓑衣，此饭才得名蓑衣干饭。

其二，酸菜面。面中酸菜的做法与蓑衣干饭中酸菜的做法大抵一致。所不同的是，炒好的酸菜放在一旁，另外烧水煮面，面条煮好后挑到碗里，再把炒好的酸菜舀在面上拌着吃，也就是将用腊肉丁炒好的酸菜当臊子。只加很少的面汤，往往是菜多面少，吃到嘴里那真叫一个爽。

其三，酸菜粉丝汤。酸菜的做法与前面大抵一致，不同的是炒好的酸菜不用铲起来，而是直接加水，待水烧开了放入粉条，几分钟之后，加上姜末、香葱花和少许盐，美味的酸菜粉丝汤就做好了。这道菜往往是盐亭酒桌散席的压轴菜。宴席上别的菜，比如大鱼大肉，往往剩得多，但这道汤菜基本上都吃得干干净净，因为现在的人们吃得太好了，需要这道菜来刮油解腻。

其四，酸菜稀饭。盐亭的山虽不大，但比较多，山区最大的特点就是坡多田少，过去吃米就比较困难。除了人来客往、逢年过节，家里很少吃干饭，而稀饭却是很寻常的。外地人常说盐亭人是吃红苕酸菜稀饭长大的。酸菜稀饭，其做法就是煮稀饭的时候加上酸菜。困难时期稀饭照得见人影，除了红苕和少许米粒之外，清汤寡水里还有的就是酸菜。不乏幽默的盐亭人常说这是"猪脚杆炖带皮"，猪脚杆是指切成块状的红苕，而带皮则是指稀饭里的酸菜。现在条件好了，吃饭不成问题，但爱吃稀饭的习俗还是传承了下来。不过现在的稀饭早已经不是原来那个样子，除了大米和少许的酸菜（纯粹是为了那个味）外，还加上了黄豆浆或花生酱，吃上这样一碗酸菜豆浆稀饭，真是舒服。尤其是在逢年过节时，吃了大鱼大肉、喝了酒之后，那才安逸。

其五，酸菜鱼。饭店里做的酸菜鱼准确来说应该叫泡菜鱼。而我的老家有一些人用盐亭的酸菜做酸菜鱼，用"别具一格"来形容相当贴切。其做法与传统的泡菜鱼大抵一致，不同的就是用酸菜代替了泡菜，味道更酸香清淡。

酸菜有如此多的用处，所以在很长时间里，榨酸菜也就被看成是一个女主人持家必备的本领之一。

如今，我吃这种酸菜的时候也少了，觉得绿叶蔬菜经过这么一煮，各种营养物质都没有了，剩下的只是菜渣而已。虽然现在一年四季各种新鲜蔬菜应有尽有，但农贸市场上买卖这种酸菜的人还是不少。买菜的人先是问："你的酸菜酸不酸？""不酸不要钱！"卖家理直气壮道，然后随手扯出一根让你闻闻，那酸味让人欲罢不能。

文、图/刘冲

船帮坨坨鱼
重出江湖

中江
Zhongjiang

中江县是一个拥有近两千年历史的川北古邑。勤劳的中江人民世代相传的一大批风味美食更是享誉巴蜀，让每一位品尝过中江美食的食客印象深刻。

中江美食品类诸多，不仅有家喻户晓的中江挂面，以及有两百多年历史的八宝油糕，还有中江坨坨鱼、罐罐汤、蹄花面、中江春卷（冲菜）、中江凉粉、中江凉面、中江白肉（廖白肉）、中江烧腊（林烧腊）、中江苕干、广福松花蛋、兴隆牛肉等一批久负盛名的美味。其中，中江坨坨鱼因其风味独特而香飘巴蜀。

中江因水而盛名。中江境内主要大河有凯江、余家河、仓山河、清溪河等十余条，且境内有黄鹿水库、响滩子水库等多座水库，由此组成了涪江和沱江两大水系支流的一部分。大大小小的江河在群山峻岭中汇聚，或涓涓细流或波涛滚滚，一路蜿蜒直向涪江、沱江奔腾而去，最终汇入嘉陵江。

丰富的水资源自然孕育出丰富的渔业资源。中江境内盛产鲫鱼、鲤鱼、鲇鱼、草鱼、白鲢鱼、花鲢鱼、乌鱼、甲鱼、水蜂子鱼、沙鼻子鱼、串杆子鱼、鳝鱼、泥鳅、黄腊丁、三角峰、龙头虾，以及其他一些不知名的杂鱼。

在旧时，由于群山环绕，中江陆路交通基本靠步行，人们出行甚是辛苦，好在其境内水系发达，人们外出尽量坐船以减少劳顿，由此便应运而生了众多"船帮"。船帮人家常年在大江大河上以载人运货为生计，近则顺凯江入涪江及沱江百十公里到绵阳、德阳、成都、遂宁等地，远则顺凯江入涪江及沱江几百公里入嘉陵江，然后进入长江到重庆、武汉、上海等地。

船帮人家长年累月在船上生活，风餐露宿，漂泊不定。简单而艰苦的生活需要船帮人家绞尽脑汁来改善一日三餐。跑船中，偶尔困了倦了，船帮人家就会找个避风的江河湖湾歇脚。这时，船帮人家免不了撒网捞鱼来改善生活。常年在大江大河上跑船的船帮人家逮鱼当然不在话下，无论采用什么方式捕鱼均会收获颇丰。

当然，由于船上设施简陋，有了鱼，要烹制出美味的鱼肴自然也是不小的难题。但聪明的船帮人家最懂得就地取材，久而久之，各家互相切磋烹鱼技巧，就逐渐形成了一道风味独特的船家鱼肴。那时，船帮人家赶船，总会带上一两个泡菜坛，装满泡酸菜，作为一日三餐的下饭菜。泡酸菜与鱼也就在此时紧密地联系在了一起，就此成就一道地方名肴——"中江坨坨鱼"。

通常，船帮人家将捕捞到的活鱼宰杀，去内脏后洗净，留鱼白、鱼鳔待用；再将鱼剁成小块（便于入味、容易成熟），放少许盐、撒少许红薯淀粉腌渍上浆片刻；接着将适量泡生姜、泡辣椒、泡大蒜、泡萝卜、泡茄子、泡青菜、泡洋葱、泡芹菜等泡酸菜切碎。然后将锅烧热，下鱼白、鱼鳔炒香出油脂，放切碎的泡酸菜炒香，加入适量清水，再下鱼块小火烧制 10～15 分钟，调味后起锅装盘，一道香喷喷的"中江坨坨鱼"就大功告成了。

1949 年后，中江的陆路交通发生翻天覆地的变化，乡与乡、县与县通了公路跑了汽车，水路交通逐渐淡化，船帮生意日渐衰落，很多船帮人家也就上了岸。为了谋生，有的船帮人家便以昔日中江坨坨鱼这道船帮佳肴为招牌经营起小餐馆。此道佳肴一经推出，由于其入口酸辣嫩滑、鲜美醇香，立即在中江及附近县市风靡起来。

直到 1955 年，全国工商业公私合营的社会浪潮到来，很多以经营中江坨坨鱼为主的小餐馆为了响应号召，纷纷将餐馆并入县饮食服务公司，从此也就淡化了中江坨坨鱼的主体经营。此后，虽然这道菜依然出现在各大饭店餐馆的菜单上，但是很长一段时间都风光黯淡了。

如今，在特色餐饮兴盛的浪潮中，中江坨坨鱼这道快被时光遗忘的美味佳肴，在当地众多餐饮有志人士的发掘下，又焕发了荣光。随着此肴在附近县市迅速蹿红，人们到中江吃坨坨鱼也成为一种时尚。这道菜在中江各大饭店餐馆的点菜率飞速上升，理所当然地成了中江的一张美食名片。所以，在如今的中江餐饮行业有句流行的玩笑话："不会做坨坨鱼的厨师不是一个好老板！不会做坨坨鱼的老板也不是一个好厨师！"

中江
坨坨鱼

🌶 原料：净花鲢鱼 1 条（约 1000 克），泡辣椒 150 克，小米辣椒 100 克，泡生姜 50 克，泡大蒜 50 克，泡茄子 50 克，泡洋葱 50 克，泡青菜 50 克，泡芹菜 50 克，泡萝卜 50 克，郫县豆瓣酱 100 克，泡菜水 100 毫升，醪糟 50 克，干花椒 15 克，白糖 15 克，菜油 1000 毫升（约耗 200 毫升），精盐、胡椒粉、味精、红薯淀粉、鲜汤、水豆粉各适量。

🍲 制法：1. 将鱼剁成约 3.5 厘米见方的块，放入适量精盐、胡椒粉、味精腌渍片刻；泡生姜、泡大蒜、泡辣椒、小米辣椒、泡茄子、泡洋葱、泡青菜、泡芹菜、泡萝卜均切成颗，待用。

2. 锅置火上烧热，倒入菜油烧至七成热，将腌渍好的鱼块加入少许红薯淀粉抓匀，放入油锅迅速过油，捞起来沥油待用。

3. 锅里留适量的底油，下干花椒炒香，再下郫县豆瓣酱煵香，放入泡生姜颗、泡辣椒颗、泡大蒜颗、泡茄子颗、泡洋葱颗、泡青菜颗、泡芹菜颗、泡萝卜颗、小米辣椒颗等炒香，加入醪糟炒香，舀入适量鲜汤烧开，然后下鱼块先中火后小火烧制 10 ～ 15 分钟，掺入适量泡菜水，再放入白糖，调入胡椒粉、味精，最后勾入适量水豆粉收汁，起锅装入大圆窝盘，稍加装饰，即成。

江湖之味

成都市

羊肉汤
羊肉全席
简阳

凉拌大盘鸡
红茗烧兔
排骨三角峰
清烧土鸡
老资阳家常菜
资阳

江 湖菜是当今川菜的一张重要名片。巴蜀江湖菜发源
地大多在交通要道沿途，客货流对江湖菜的影响巨
大。如果要寻访地道江湖菜，可以沿着成渝线走，不管是
国道线、高速公路线，还是动车线、高铁线，都不会令吃
货失望。这一带涵盖了四川的简阳、资阳、内江、资中、
隆昌，以及重庆的大足、荣昌、璧山、北碚、合川、潼南、
江津等区域，可以说是江湖菜的摇篮。这一线也是巴蜀文
旅走廊，拥有丰富的旅游资源，如安岳石刻、大足石刻等。
作为成渝地区双城经济圈的中轴线、"脊梁"，这里是即
将崛起的成渝中部。

遂宁市

金沙羊肉米线
丁家坡洋芋
三驱田凉粉
甜粑
泡粑

大足

烧鲇鱼
兔子面
冬尖
资中

璧山 来凤鱼
红烧兔

重庆市

羊肉汤
红烧鸭
风味滑肉

内江市

隆昌

江津
鲜椒蛙
盘龙鳝
邹开喜酸菜鱼

荣昌
荣昌铺盖面
荣昌卤鹅
羊肉肴
叶儿粑
灰水粽

重庆大足石刻 供图 / 视觉中国

重庆大足石刻佛祖寺 供图 / 视觉中国

荣昌陶 供图 / 视觉中国

简阳

Jianyang

满城羊肉香
一部传奇史

文／付丽娟、周思君、李忠平

　　简阳市位于四川盆地西部，龙泉山东麓。在当地众多美食中，简阳羊肉汤是最独特的一道风景，汤鲜、味美、香气宜人，是上等的补气养生汤类美食，被称为"西部第一汤""中国神汤"。

"董和鱼羊烩"的传说

　　关于简阳羊肉汤的起源，要追溯到汉代古牛鞞县"董和鱼羊烩"的传说。

　　据《简州志·职官》记载，简阳在汉代时叫牛鞞县，历任县长中有一个叫董和的人。据民间传说，某天，牛鞞县的一个农民带着四只羊乘渡船过江，由于船小拥挤，一不小心把一只成年公羊挤下船，掉入

简阳羊肉汤

江中。江深水急，不便打捞，羊也不会游泳，很快就沉入江底。江中的鱼儿被沉羊吸引，蜂拥而至，争食羊肉。

当年的土羊俗称"火疙瘩羊"，生命力旺盛，肌肉发达，蕴藏着丰富的能量。鱼儿因吃得太多，一个个晕头转向，在水面不停地扑腾乱窜。这一幕恰巧被一个划船经过的渔民看到，万分惊喜，开始撒网捕鱼。让渔民感到奇怪的是，网中的鱼儿并不像平时那样活蹦乱跳，鱼儿似乎也比平时更重一些。于是，他切开鱼肚，发现鱼肚里满是羊肉。他突发奇想，将鱼身洗净，封好刀口，连同鱼肚中的碎羊肉一起烧煮。结果，鱼酥肉烂，不腥不膻，汤味鲜美。这一消息很快便传开了，当时的牛鞞县长董和也尝试做这一道菜，发现风味果然独特。因为是县长做出来的菜，当地人便把这道菜命名为"董和鱼羊烩"。

传说是否真实，并没有现实依据可以考证。即使是资深制作羊肉汤的师傅也道不出羊肉汤的起源，只知道这美食很早便有了。我们从这一传说中可以得到一个信息——简阳羊肉汤具有相当久远的历史。

白汤的诞生

虽然简阳羊肉汤的起源无从考证，但在简阳城，羊肉汤与一个名叫赖天春的人息息相关。他不仅是个体经营简阳羊肉汤的第一人，也为简阳羊肉汤的产业化发展奠定了基础。

赖天春祖上三代都以经营羊肉汤为生。赖天春的爷爷是简阳城有名的"赖羊皮"。那时候，一张羊皮的价钱能抵上一只羊的价钱，平日里杀羊留下的羊皮积攒着，只在羊肉汤生意惨淡时，挑上一两张皮来卖。因为他常常挑着羊皮，所以就有了"赖羊皮"的称呼。

当时，赖家在三个乡镇上卖羊肉汤，而且只是在上午售卖。赖天春在上完初中后，便开始跟随父亲学习熬制羊肉汤。在学做羊肉汤以前，首先要学会买羊和杀羊。每逢乡镇赶集，赖天春便和父亲一起上街买羊。那时，养羊的农户并不多，集市上买不到羊，就要到其他乡镇的农户家里买。当时交通不发达，坐不上车的时候只能赶着羊步行几十里路回家。

新鲜羊肉的保存时间并不长，冬季能放到3~5天，而夏季往往不超过半天。夏天只能将卖不完的羊肉煮熟，用绳子拴上，挂在古井中，利用井中凉水的冷气来保鲜。为了防止羊肉被偷走，赖天春只能在古井旁整夜守候。

简阳人有在冬至吃羊肉汤的习俗，这也是羊肉馆全年中生意最火爆的一天。为了准备充足的羊肉，有一年的冬至，赖天春和另外两人一共杀了一百四十多只羊。从冬至前一日的下午两点开始，直至次日早上六点，三人的双手因长时间接触冰冷的河水，已经完全僵硬，无法弯曲了。

杀羊，再剖羊，杀的羊多了，自然熟悉羊肉与羊骨的结构，慢慢就能将羊肉与羊骨利落地分离，使羊肉保持整块完好。正是因为这些艰苦的经历，赖天春积累了丰富的经验，并练就了不畏艰辛的顽强意志。

改革开放初期，赖天春抱着要闯出一片天地的雄心壮志，在简阳城里开了一家羊肉汤店，成为当时简阳城第一个售卖羊肉汤的个体经营户。一间铺子，一个灶台配大锅，一张方桌，几张凳子，门口摆上挂着新鲜羊肉的架子，赖天春的羊肉汤店便开业了。

当时店里只卖传统的清汤，客人只吃羊肉而不吃羊杂。他的店只是将羊肉煮熟，捞出切片备用，在客人点食的时候，将事先切好的羊肉放入竹篓里，在清汤中烫一会儿，盛入碗里，再舀上清汤，配上加有少许盐和味精的辣椒面蘸碟便可食用。因清汤方便食用，不耽搁时间，其消费群体以下力之人为主，其他消费者往往不吃。

20 世纪 80 年代初期，赖天春首创了白汤的做法。有一次，赖天春隔壁店家的老板为家人做煎蛋面，将鸡蛋打入热辣辣的油锅里，煎一阵，再加入水，顿时腾起一股香味。赖天春看到这一幕，突然灵机一动，心想，如果将羊肉用热油炒过再加汤熬煮，会是什么味道？于是他用羊油将羊肉爆炒后，加入清汤熬煮一会儿，再出锅。客人吃了这样改良过的羊肉汤，都表示比未爆炒过的清汤羊肉汤更鲜香。于是，赖天春就在原来的灶台旁加了一口锅，熬上羊肉汤，而灶台上的锅则用来爆炒羊肉，从此卖上了"炒汤"羊肉。沿袭至今，爆炒羊肉已经成为简阳羊肉汤制作过程中最关键的环节。

从单一汤菜到羊肉全席

20 世纪 90 年代中期，简阳地区从国外引进品种优越的努比羊，与当地的土山羊"火疙瘩羊"进行杂交，培育出了"简阳大耳羊"，并在全市养殖业的重点乡镇建立繁育基地，逐步推广养殖。"简阳大耳羊"成为简阳羊肉汤的主要原材料。

为打造"简阳羊肉汤"这一地域特色名片，简阳市人民政府对羊肉汤的发展给予了大力支持。2003 年，简阳市在冬至节期间举办了"第一届简阳羊肉美食节"，推动简阳羊肉汤的发展。

在美食节成功举办以后，赖天春开始意识到了简阳羊肉汤的劣势：菜品的单一性。要想使简阳羊肉汤更具特色，获得更多人的喜爱，就要打破传统，创新求变。因此，他结合传统工艺，创新羊肉菜品，逐步制作出了有上百道菜品的"羊肉全席"。简阳羊肉汤从单一的汤菜，逐步发展为"羊肉全席"，真正地登上了大雅之堂。"赖氏羊肉汤"也成为简阳地区的传统老字号羊肉汤店。

满城羊肉汤

如今的简阳市，不管是城区还是乡镇，大大小小的羊肉汤餐馆不计其数，相较于之前，餐馆的卫生条件已经得到改善，墙壁地面干净，桌椅整齐。那些店面较小的羊肉汤餐馆，通常仍然是在店门外放着挂新鲜羊肉的架子，在店门口砌灶台，贴上白色的瓷砖。

灶台上放着一口不锈钢的深桶大锅，锅里翻滚着热气腾腾的羊肉汤，火不断，汤不断。大锅里不仅煮着羊骨，还有羊肉和羊杂。灶台上有较小的炒锅，锅旁放着装有熟羊肉片和熟羊杂的篮子或筲箕。制作羊肉汤的师傅站在灶台前，将客人所点的羊肉和羊杂入锅爆炒，再掺入羊肉高汤，熬煮两三分钟后，加入调料，便可起锅上桌，客人蘸着辣椒味碟吃。在冬季，灶台上方还会挂上店里手工制作的羊肉香肠。

离简阳市区 4 公里，位于老成渝路 318 国道旁的石桥镇，以前是成都到简阳的必经之地。镇上的"建康羊肉汤"老店就在这条国道旁，已有三十余年历史。建康羊肉汤算是简阳传统羊肉汤餐馆的一个典型，利用原来的老房子，店铺内只进行了简单装修。他们自己买羊，自己杀羊，制作羊肉汤的师傅也有二十多年的经验。店主的母亲已在这家店工作了三十余年，是"建康羊肉汤"的活字招牌。从中年到老年，她见证了这家店的发展，认识的客人都称她为"老太婆"，更有客人认准了"老太婆"来吃羊肉汤。他们店以大众消费为主，利用特殊的地理优势，吸引了许多路过的食客。在这里，客人能感受到传统氛围，品尝到传统味道。

从 2003 年开始，简阳市在冬至期间举办的"简阳羊肉美食文化节"，大大提高了简阳羊肉汤的知名度。面对如此机遇，许多羊肉汤的经营者也改变了过去的传统思维，顺应时代需求，在经营上更加现代化。一些羊肉汤店扩大了店堂，装修一新，大有现代星级酒店的风格。在这些店中，当以"廖世羊肉汤"和"马厚德羊肉汤"为首——这两家店目前都已发展为简阳市具有代表性的羊肉汤企业。

近些年，简阳市已推出了速冻羊肉汤系列、羊肉腌腊制品系列和即食羊肉系列产品，这些产品在一定程度上打破了地域限制，使简阳羊肉汤走向全国各地成为可能。

文、图／田道华

资阳

ZiYang

低调的江湖菜之城

　　在川内不少大厨的眼里，资阳的名特产与美食好像乏善可陈。其实，细数下来也不少，像过去人们口中常提到的临江寺豆瓣就产自资阳，资阳下辖的安岳县出产优质柠檬，此外安岳的粉条、坛子肉近年也享誉食界。

　　到资阳探访美食，我们把重点放在了资阳城区，当地大厨马阳兵、罗成勇等推荐了香泽苑、老资阳家常菜馆、四嫂凉拌鸡、张妈手撕兔、泉水烤鱼、摺摺包子和老掉牙土菜馆等多家餐馆。

凉拌大盘鸡

　　资阳的凉拌大盘鸡值得一记。因为成都等地的凉拌鸡大多是把熟鸡斩块或丁，加葱节或葱颗等同拌，但这里的大盘鸡是把煮熟的鸡斩条，加藕条、胡萝卜条等拌制而成。

　　其实在资阳，各店的凉拌大盘鸡呈现的形式略有差异，就拿有名的四嫂凉拌鸡来说，他们家用大不锈钢盘盛装，显得粗犷豪放，在食

凉拌大盘土鸡

客中名气很大。而一些酒楼的则显得中规中矩一些。

品尝香泽苑的凉拌大盘鸡后，我发现不仅其拌法与成都的不同，口味也有些不一样，一是明显带甜味少，不像成都的厨师在拌鸡时会加入较多的白糖；二是成菜汁水也要宽一些。

此菜的具体制法是：把土鸡洗净，入加有姜葱的沸水锅里煮熟，捞出晾凉。另把莲藕、胡萝卜分别切条，放入沸水锅里汆熟，捞出投凉并沥水。把鸡肉斩成条，纳盆加莲藕条、胡萝卜条、子姜丝和大红椒条，并调入盐、生抽、老陈醋、白糖和红油拌匀，就可以装盘了。稍微讲究一点的做法，还会撒上少许的葱丝和香菜点缀。

排骨三角峰

红苕烧兔

红苕一般用来煮粥或烤食、烧食等，不过民间有好事者将其用来作辅料烧菜，同样显得江湖味十足。香泽苑的大厨借鉴民间手法，将红苕与兔肉搭配创制成菜。

首先，将净兔斩成块，入清水盆里冲净血水，沥干水分待用。另把红心红苕削皮后切块待用。

锅内放葱油，烧热后下兔肉块煸炒至水汽干，烹入一点儿料酒，加八角、小茴香、香叶和豆瓣酱炒香，掺入鲜汤并放盐、味精、鸡精和白糖调味。文火慢烧至兔肉熟后，放入红苕块、大蒜烧至软熟，再下青二荆条辣椒节和小米椒节，稍微翻炒一下，即可起锅装盘。

排骨三角峰

这道热卖多年的江湖菜，在表现形式上与诸多餐馆不一样，光是把水滑排骨与三角峰同烧这点，就让人意想不到。再加之成菜口味大麻大辣，让人一吃就记忆深刻，几乎是每桌必点。

制作此菜前，先得做"水滑排骨"，其制法与川内一些地方的滑肉差不多。先把排骨剁成小节，纳盆加盐、白酒、姜末码味，再加适量鸡蛋液和正宗的农家红苕淀粉拌匀（这样做出的排骨才滑嫩），然后放在微沸的水锅里煮熟，捞出过凉待用。另把三角峰宰杀洗净。

接下来取锅放化猪油和菜油烧热，下姜丝、小米椒丝和酸菜丝炒香。再放火锅底料、自制的鱼鲜复合调料和大蒜炒香。掺入适量清水烧开后，倒入三角峰和水滑排骨，以小火烧至三角峰熟透，这才起锅盛入大窝盘里。

与大多江湖鱼肴一样，这道菜最后还要炝麻辣油。取锅放菜油烧热，投入青花椒和干辣椒节炝香，泼在盘中鱼肉上，撒上香菜。鲜香麻辣、味道刺激过瘾的排骨三角峰便做好了。

清烧土鸡

不少江湖菜，在调味料的运用上多是做"加法"——猛放花椒、辣椒、火锅底料、香辣料等，呈现的是大麻大辣风味，但此菜在调味上却是做"减法"。

具体来说，就是在鲜辣子姜风味菜的基础上，减去泡辣椒和小米椒调味而烹出清淡口味。不过，正因为少了泡辣椒，其鲜辣风味体现得更加本真。

先把净土公鸡去大骨后斩成条。接着，取锅烧热放鸡油，下姜片、花椒和大蒜煸炒出香味，再下鸡肉条爆炒，炒干水汽后，掺入适量高汤并加盐、胡椒粉和料酒烧至鸡肉熟。然后撒入子姜丝、青二荆条辣椒节，淋少许水淀粉收芡后，起锅装盘即好。

老资阳家常菜

城市的发展越来越快，人们在吃惯了时尚大餐以后，也许开始有了一种怀旧的情怀。资阳市九曲河示范段南河街的老资阳家常菜馆，正是一家以怀旧为主题的土菜馆。这家店在装修上运用了农村的晒席、斗篷蓑衣等元素，墙上挂以资阳老街或资阳历史大事件的老照片以及旧时的粮票为装饰物。这些都是唤起了老资阳人对过往的回忆。

老资阳家常菜的菜品，多取自民间百姓家的美味，特色菜有椒盐

尖椒坛子肉

平菇、尖椒坛子肉、坛子肉葱香饼、生爆肥肠丝、辣酱儿菜、黄金素菜卷等。

安岳坛子肉的制作方法流传已久，先辈们将各种干菜，如豇豆干、青菜干等，与腌后油炸过的猪肉一起，拌以五香粉、八角等香料，以一层干菜、一层猪肉的形式放入土坛中，经过数月腌制就制成了风味独特的坛子肉。

坛子肉葱香饼是将坛子肉切成小颗粒，与葱花一起下入先调好的加有鸡蛋的面粉糊里，再加少许盐，搅拌均匀。在平底锅内放菜油，以小火加热，用勺子将搅拌均匀的面粉糊舀入平底锅内用小火煎两三分钟，煎至两面色金黄时即可。这道菜热食口感酥脆。

儿菜的常见做法是炒或煮，这家店却是用辣酱腌制，特色之处在辣酱的制作上。先将豆瓣酱放入保鲜盒内，加适量的矿泉水稀释。将拍碎的子姜切成小段，拍碎的蒜瓣，以及切成颗粒的二荆条辣椒放入豆瓣酱中，再加入适量味精和少量白糖，辣酱便制作成功。将洗净的新鲜儿菜切成小块，放入制好的辣酱中，腌制 24 小时即可食用。

文、图／田道华、付丽娟

资中 Zizhong
江湖美食的重镇

"旅客们，我们即将抵达资中北站，请要下车的旅客做好准备……"如果你是一位餐饮人或是一个吃货，在听到这样的语音播报时，一定会联想到资中的美食。其中远近闻名的资中兔子面，已经在成都落户生根，得到了口味挑剔的蓉城食客的认可。而球溪和鱼溪的烧鲇鱼也是这里的特色美食。此外，还有血橙、花生酥、冬菜、各种风味兔肴，以及罗泉古镇的豆腐宴等，不胜枚举。

烧鲇鱼

资中球溪和鱼溪的烧鲇鱼，是当地有名的江湖美食，在 20 世纪八九十年代特别火爆。随着成渝高速公路的开通，路过球溪和鱼溪的车辆变少，这道美食在当地也渐渐没落。不过，一些有商业头脑的经营者们，把烧鲇鱼带到了外地发展，生意倒也做得不错，比如现在川

烧鲇鱼

内一些高速公路的服务站，就能看到专门卖烧鲇鱼的店。

经朋友推荐，我们去了资中县城经营有十多年历史的"衙前酒楼"采访。交谈中得知该店的老板之一张委，当初就在鱼溪经营一家卖烧鲇鱼的饭馆。

张老板告诉我们，当时他二十岁不到，就跟父亲在鱼溪开店卖烧鲇鱼了，那时卖鲇鱼的店家不少，家家生意都不错。但从现在来看，烧鲇鱼的衰落，不仅与交通的改变有直接关系，还与鲇鱼的品质有关。因为过去主料所采用的那种鲇鱼越来越少，成菜口感当然就不如从前了。

张老板在十多年前关掉了鱼溪的餐馆，到县城衙前街开起了"衙前酒楼"，还把烧鲇鱼作为了酒楼的招牌菜。在过去，烧鲇鱼都是用大洋瓷盘盛装，显得粗犷和江湖气，但如今为了成菜的美观，改用了其他盛具。这道鱼肴的传统做法是无需勾芡的，在起锅前撒入芹菜则是为了增香。此外，在盘底要垫上焯断生的黄豆芽，一是为了"衬盘"，让分量看起来更大；二则是为了清口——吃完了鱼肉后，再吃点素菜，让人感觉舒爽。

资中兔子面

在资中的街角、巷口处，经常能见到各式各样的面馆，它们大多不起眼甚至有些简陋。尽管如此，面馆的客人依然源源不断，他们多半是被那一碗小小的兔子面吸引而来。

资中人对面食情有独钟，以一碗面条作为早餐开始新的一天，并不是重庆人的专利，在资中人身上同样适用。

资中人对面食的喜爱之情还体现在夜宵上。当地的厨师朋友刘云跃告诉我们，一些小面馆是24小时营业的，许多人把面食当成夜宵。我们听说一个小县城的面馆竟然可以24小时营业，惊讶之余寻求美味的渴望也油然而生。

位于资中县金带街的"手拉手面馆"就开在巷口，顺着小巷的檐阶摆着几张大小不一的桌子，有方桌也有大圆桌。十几位系着围裙的服务员站在一字排开的灶台前候着，灶台上是重叠得高高的小蒸笼，三口大锅里的面汤热气腾腾地翻滚着。当有客人走来时，热情的服务员就会主动上前招呼。而晚上来吃夜宵的人，通常是结伴而行，根据人数点上几格蒸笼，像粉蒸羊肉、粉蒸肥肠等，最后会再来一碗兔子面，一个个吃得心满意足。

我们发现，资中的面馆有一个有趣的现象，兔子面最有名，但面馆却从来不打兔子面的招牌。不过即使不打招牌，食客也会欣然前往品食。兔子面的魅力大，外地人来到资中，不习惯当地的饮食，早餐

兔子面

吃了一碗兔子面以后，或许接连着中午和晚上都会再吃兔子面；在外打拼的资中人，回到家乡的第一时间，更是要去吃一碗兔子面。这兔子面究竟有什么样的魔力，竟能让人如此牵肠挂肚？

兔子面，就是在一碗煮熟的面条上，淋上一勺特制的兔肉臊子。资中人煮面通常用较细的水面，细嫩爽滑，碗里配上韭黄、小葱、姜、蒜、花椒粉和味精。客人也可以根据自己的喜好选择较宽的水面。

资中的面条煮熟时不加面汤，而是加入事先熬好的骨头汤。最后在面碗里舀上做好的兔肉臊子，而兔肉臊子是兔子面的精华所在。它的制作方法极其讲究，是把净兔斩成块，永水后再入锅加家常味料烧制而成，一般选用老兔制作，这样吃着才香。据说每家面馆都有自己的独特工艺。大部分面馆除了主打的兔子面，还有牛肉面、肥肠面、炖鸡面等，有的客人在点面的时候，会说"双臊"——这是来两份兔肉臊子或是任意两份臊子搭配的意思。

近年，资中已经出现了便携包装的兔子面。也许在不久的将来，兔子面就会像方便面一样，走向各地，让越来越多的人品尝到它。

冬尖
香自岁月来

文、图／刘乾坤

世世代代居于川南资中的人，美味印象中最为深刻的是什么？那就是资中冬尖。冬尖有好香呢？出生于资中的食品专家孙泽辉曾经对我说："以前坐火车，如果哪位带了冬尖，整个车厢都是香的！"

历史的传承

一列列陶缸有序排列在厂区的院坝中，日晒雨淋。目前看上去毫无美感的腌菜，就静静地躺在这些坛子里面，吸取天地之灵气、岁月之精华，三年之后，便以袭人的香气诱惑人们的味蕾。60 多岁的彭立前正在检查陶缸中的腌菜，一看二闻三尝，一丝不苟。

资中冬尖创始的具体年代，目前找不到权威资料。在清康熙二十六年（公元 1687 年）编修的《资州志》（今资中）中有这样的记载："资州酱园，制造冬菜，旧颇驰名，远销至湖北、上海、北京，

资中冬尖制作过程：收菜、晾晒

近则川东、川西各县。"标名曰"资州冬菜"，由此可见，资中盛产冬菜的历史至少可以追溯到三百多年前。

制作冬尖的蔬菜老百姓叫青菜，是十字花科芸薹属的一年生草本植物。博物学家孙海在一篇文章中写道："芸薹属是个极为庞大并且伦理混乱的大家族，从芸薹、甘蓝和芥菜这三个支脉变化出来的各种栽培蔬菜，为这个星球贡献了餐桌上绿色蔬菜的近半壁江山。"资中冬尖所用的青菜便是叶芥，产量比较大。至今，民间都会在田间地头种青菜，很多农家在腊月里还会晾晒青菜，然后腌制成冬菜。在资中民间，流传着这样的歌谣——"百里闻香不是花，酱醋麻辣冬菜芽"，这冬菜芽便是今天所称的冬尖。

很多的老字号或者土特产，经由民间自发地创造之后，总有人来发扬光大。清康熙年间，资中人陈永礼对冬菜的生产有着浓厚的兴趣，

资中冬尖制作过程：淋汁、装坛

认为民间既然如此盛行，自有其道理，说明大众接受。陈永礼通过多方造访，决定大规模生产冬菜尖，便请一位李姓技师在冬菜传统加工制作的基础上进行批量加工，并对原料青菜做了试验，最终选取"枇杷叶""齐头黄"两种青菜的嫩尖为原料——只取青菜尖加工，由整株青菜加工而成的冬菜进化成了冬尖。这一次从原材料改进而带来的升华，成就了今天我们所食用的冬尖，具有鲜、香、脆、嫩的特点。

同时，陈永礼与李师傅还在一些关键加工环节上进行了改良，为大批量生产细嫩冬尖提供了技术保证。随后在沱江左岸的空地上，一座占地 20 余亩的作坊开始建造，土陶坛罐井然有序，工棚晒坝干净整洁，资中冬菜的生产不再是单门独户，而是形成了有 20 多名伙计的作坊。资中冬尖开始了大批量生产，配套还生产豆瓣酱、酱油和食醋，陈永礼结合自己的名字给作坊取名"资州兴盛永酱园"，意在酱园和

资中冬尖制作过程：装坛、切碎

冬尖永远兴旺昌盛。

时间的馈赠

这段故事，现在资中丰源公司的职工们都能讲述。感受着冬尖的清香，彭立前老师带我去一个个工段参观。时值腊月青菜收割，每天下午，便有一辆辆货车载着青菜送到加工区。

这些青菜经过晾晒，不再水灵鲜嫩。翻斗车支起货箱，这些蔫巴巴的青菜还是不会自动滑进酱腌池中，卸货的工人爬上车头往下推，地面的两名工人用铁耙往池中勾，池两边还有两名工人用大瓢撒盐，这就是粗腌。仅仅加盐还不够，一池装满后，一名工人会挑来往年池中的盐水，微黄的液体散发清香，一瓢瓢分洒在池子的每个角落。这种液体可以称为"母体"，里面富含发酵产生的微生物菌群。

经过一周的粗腌，青菜尖梢的水分已经很少了，这时要翻池入窖，工人们用钩耙把青菜尖从池中翻出来，放在大盆中再撒盐，拌和往年的冬尖汁液揉搓，然后装坛。装坛一定要密封好，放一层用木棍打紧实，再放一层，再打紧实。最后封坛，这一封就是三年。

虽然在清朝至民国的一两百年间，资州冬尖的生产达到鼎盛，先后出现了德丰亨、道盛元、天福兴、贞记等十来家酱园，但只有兴盛永酱园出产的资州冬尖被更多人认可。由于资中冬尖特有的鲜、香、嫩、脆，地方官员便每年在兴盛永酱园中选其精品窖藏作为贡品举献朝廷。

清朝末年，末代状元骆成骧是资中人，高中状元之后曾在京城为官，官员在相互往来中，自然要晒晒家乡美味特产。骆成骧便写书信，嘱托家人在资中兴盛永酱园选购上好冬尖一石运至京都，然后分送给朝中大臣。大学士孙家鼐吃后赞不绝口，题诗一首赞曰："枇杷青菜取其尖，巧制精腌有秘传。调味佐餐冠厨膳，资州冬菜不虚传。"

经过一代代酿造人的不断努力和技术创新，资中冬尖得到了长足的发展，在外名声也越来越大，资中冬尖与内江大头菜、宜宾芽菜、涪陵榨菜合称"巴蜀四大名腌菜"，还先后荣获了国家和省市的多项殊荣。

难忘的滋味

丸子汤在四川是极普通的家常菜，简单易做，很多时候都是随季节配菜，在初春那是四川人乐此不疲的豌豆尖，接下来是小白菜、冬瓜、白萝卜等，但我个人认为最能打动人的是黄豆芽丸子汤。黄豆芽富含氨基酸和植物蛋白，与肉丸子合煮慢炖，鲜味相互激发，上桌时汤鲜肉香，人人都爱。就是这样普通而鲜美的汤菜，资中人会放入一至两条冬尖，鲜美度再次提升。

资中冬尖之香，是淡而绵长的清香，有如闻丝竹之音般淡雅悠长。冬尖之鲜，又犹如登高望远一般渐入佳境，厚重而醇厚。这一点，至少在我离开资中之前，我们的左邻右舍都不会用味精，全用冬尖来增香提鲜。

再说一道很常见的乡土美食：冬尖滑肉汤，调味便是用冬尖。一方水土养一方人，一方田地自有其不同物产，资中的土壤也宜于红苕生长，产量大，便催生了附加产品如红苕芡粉。红苕芡粉用于烹制菜品，其中有一道叫滑肉的民间菜。肉一般选猪前腿肉或五花肉，大小以各人喜好为主，我喜欢选半肥瘦的前腿肉，切为条状，然后撒上花椒粉、盐，加入大量红苕芡粉码好。待锅中水沸腾，放入肉条，由于芡粉煮好后滑腻半透明，用筷子夹取时易于滑脱，故名滑肉。汤中放一条冬尖，大致20克左右，汤色变为微黄，香味散在汤中，不用再放盐了，汤肉都带有冬尖的清香和鲜味。

冬尖还可做蒸肉、烧白的底菜，做冬尖麻辣鱼、冬尖带丝全鸭、冬尖烧鸡公、冬尖狮子头、冬尖面条、冬尖包子、冬尖炒碎肉、冬尖肉丝等的配料。

记得有一年，我回到老家资中拍摄冬尖的制作工艺，老家的朋友请我到重龙山吃饭，这是一个介于农家乐与酒楼之间的餐厅，隐在茂林修竹之中，环境倒也可人。在家乡的味觉中，自然少不了冬尖入菜。而当天所品的一道菜叫白油豆腐，味道、做法与传统的都没有多少差别，让人提神的是，菜品中加入了剁碎的冬尖末，极细，牢牢地粘在每一块豆腐上，入口，天然的清香味很快浸满口腔。这显然是一道略微创新的菜，值得推而广之。

文、图／田道华

隆昌
Longchang

石牌坊之乡的个性美食

　　隆昌是内江代管的一个县级市，也是成渝高铁线上四川境内的最后一个站点。隆昌有"中国石牌坊之乡"的美誉，至今仍保存着多座建于清咸丰至光绪年间的石牌坊。此外，这里还有修建于 20 世纪 70 年代的中型水库——古宇湖，可以说旅游资源良好。

　　成渝高铁的开通，对促进隆昌的旅游发展有一定的作用，而美食又是旅游的重要组成部分，那么隆昌又有哪些独具个性的美食呢？一是羊肉汤，二是红烧鸭。

　　隆昌羊肉汤的蘸碟用的是油酥豆瓣酱碟，与川内简阳羊肉汤的干辣椒面碟、威远羊肉汤的小米椒碟和成都羊肉汤的腐乳鲜椒味碟都不一样。红烧鸭选用当地土鸭烹制，采用的是地道的农家烧法。

羊肉汤：简单烹法 原汁原味

　　说到隆昌的美食，当地人首先推荐的是羊肉汤。

　　在简阳有早餐吃羊肉汤的习惯，隆昌也不例外。我们一大早便向当地人打听，隆昌哪一家羊肉汤好吃。从他们的回答中，得到一个信息：隆昌羊肉汤其实在味道上各家都大同小异，只是店铺大小、档次高低不同罢了。最后，我们选择了位于白塔路的东吴羊肉馆。这家羊肉馆的就餐环境较好，既有大厅又有包间，厨房与大厅相连，透过玻璃橱窗能看到羊肉汤的制作过程。

众所周知，制作羊肉汤的一个重要环节是熬汤，其他地方在熬汤时，往往会加入一些姜、葱、香料等，以此减轻羊肉的膻味，但隆昌羊肉汤在熬汤时与其他地方有所不同。

首先，不加任何调辅料，只是将新鲜的羊肉、羊骨、羊头和羊杂洗净后一并投入大锅里，加清水熬。熬制期间，用勺子打去汤面上的浮沫。待羊肉与羊杂煮熟后，捞出来切片备用，羊骨则在锅里继续熬。其次，隆昌羊肉汤在制作时没有爆炒（不同于简阳羊肉汤），而是将客人所点的羊肉和羊杂放入漏勺，再放入熬汤的大锅里，用翻滚的热汤烫一会儿就倒入盛器，舀上适量的清汤和汤面上的羊油花儿，撒上葱花，配上蘸碟，即可上桌。

隆昌羊肉汤的蘸碟也比较特别。制作蘸碟时，先将蒜末倒入热油锅里炒香，然后加入豆瓣酱炒熟，起锅即可。店里还备好了其他调料，如盐、味精、红油、酱油、香菜、辣椒面等，客人可以根据自己的口味调制。

隆昌的羊肉汤既可称斤卖，也可论碗卖。早餐吃羊肉汤的人通常选择一碗羊肉汤，另配白米饭和泡菜。服务员会格外准备一个不锈钢大杯，装上热气腾腾的羊肉汤，客人可以随意添汤。

当天，我们选择了碗碗羊肉汤。一尝，果然是原汁原味，只有淡淡的羊肉味道和葱花香气，而没有羊肉的膻味。据说这是因为隆昌羊肉汤在制作时均选用当地的山羊，羊肉高品质决定了汤的膻味小。当我们向制作羊肉汤的师傅打探更详细的制作过程时，他笑着说："羊肉汤看起来很简单，其实制作过程很复杂，三两句话还说不清楚。"

在隆昌，早餐吃羊肉汤时，一般还会配上羊肉包子。另外，隆昌的羊肉汤馆里，除了羊肉汤，还有其他羊肉菜品，如粉蒸羊肉、碎羊肉、酸辣羊血等。

红烧鸭：别具风味的乡土菜

"香樟园"是隆昌一家知名农家乐，因为园里有十几株比碗口还粗的香樟树而得名。

我们在香樟园见到了厨师长李虎。他说隆昌的特色乡土菜，当属红烧鸭。隆昌人之所以爱吃红烧鸭，其实与这一带民间喜欢饲养土鸭、白鹅等家禽有关。

烹制红烧鸭很考手艺，李虎给我们演示了详细制法，我们观看后总结了三点关键。首先，得选用现宰的鲜活土鸭，吃的是一个"鲜"。其次，得辅以农家自制的泡椒、豆瓣等调料，追求的是一个"醇"。其三，在烧制时，要把鸭杂、鸭血与鸭块一同烹制，讲究的是一个"和"。

风味滑肉：蒸出来的鲜香美味

滑肉，是把猪肉或猪排骨等，经码味后加红苕淀粉抓匀，再入沸水锅氽熟而成。滑肉可加素菜和调料煮成汤菜，也可调鱼香味、家常味做成鱼香滑肉、家常滑肉。不过，蒸出来的滑肉倒十分少见，这次，我们在金鹅宾馆就见识了一番。

风味滑肉

　　金鹅宾馆是隆昌一家三星级的老牌宾馆，餐饮生意在当地做得风生水起，这与该店结合市场需求、挖掘一些民间土菜来赢得食客认可有关。风味滑肉其实是从民间滑肉汤的基础上改良而来，但烹饪方式由煮改为了蒸制，其鲜香味保持得更好。

　　首先把猪肉切成条，纳盆加姜末、料酒、葱末和盐拌匀，再加入鸡蛋液和红苕淀粉拌匀，然后分成坨放入笼里，蒸 15 分钟至熟透后取出。这种蒸出来的滑肉，既可直接食用，也可配家常味碟蘸食。

文、图／张先文、周思君

荣昌
Rongchang

重庆西大门的美食四宝

　　荣昌被称为重庆的"西大门"，当地有"四宝"——折扇、陶器、夏布、荣昌猪。其中，前三样特产已经入选国家级非物质文化遗产名录，而荣昌猪则是世界八大名猪之一。荣昌美食源远流长，别具风味，而且种类众多，比如卤鹅、铺盖面、黄凉粉、羊肉汤、猪油泡粑、烤乳猪、清江豆豉鱼等。

荣昌铺盖面：扯出来的一方名面

　　提起荣昌美食，想必很多人的第一反应就是铺盖面。是的，如今在成都、重庆等城市的街头，时不时可以看到打着"荣昌铺盖面"招牌的餐馆。这种面皮宽大似铺盖、味道鲜美的独特面食，受到了很多面食爱好者的喜爱。在当地朋友的带领下，我们来到位于桂花园街的"黄

荣昌铺盖面

二鸡汤铺盖面总店"。

　　和开在异地的诸多铺盖面馆一样，这家面馆的操作区域也设在店门口的一侧。每一个进店来的客人都可以看到店员制作铺盖面的过程。

　　店门口的木架子上摆着两个面盆，里面是饧好的面团，木架的旁边则是一口热气腾腾的宽口径水锅。水锅旁边的案板上整齐地摆放着一个个不锈钢圆碗，每个碗底都盛有一些事先已经煮熟的豌豆。

　　两个店员正站在木架旁边扯面。一位大姐先是从面团上面扯起一个剂子，将其按扁后，再用双手将其顺长缓缓地拉扯开，接着娴熟地往空中轻轻地一甩，面剂子被甩成了一块长条形的面片。随后，大姐将其抛入一旁翻滚的开水锅里浸煮。大姐说："别看扯面动作简单，但也有技巧，稍不注意就会扯破。"

等到面片边沿稍厚之处都煮熟后，扯面的大姐便一只手端着不锈钢碗，一只手持汤勺去舀锅里的面片。舀三两块面片入碗后，再舀入肉末臊子，撒些葱花，端给顾客。

乍看起来，这铺盖面的制法并不复杂，可是当我们夹起一块面皮送入嘴里时，感觉面片滑爽筋道有嚼劲，豌豆煮得很粉面，肉末臊子鲜香细腻，面碗里的汤也十分鲜美。

店里的顾客告诉我们，他们店的铺盖面之所以能得到当地人的青睐，首先在于他们煮面片的汤有讲究——那是用猪大骨和老鸡熬成的鲜汤。此外，煮面片的水锅面上还浮着一个香料包，用鲜汤煮出来的面片自然带着几分鲜香。他们的面片之所以吃起来有嚼劲，那是因为他们在和面时加入了少许的盐，这样既可以增加面的筋道，同时也使得面片在摊甩时不容易被扯破。和好的面团还要用一块潮湿的笼屉布盖着，置一旁饧发两三小时才使用。

荣昌卤鹅：盯一眼走不脱

"卤鹅卤鹅，盯一眼走不脱。"这是荣昌城里流传的一句俚语。荣昌人吃鹅的习俗，据说可以追溯至数百年前，是由迁居四川的客家人带来的。在荣昌大街小巷，我们随处可以看到打着"荣昌卤鹅"招牌的商铺。这些商铺大多只有一个门面，柜子里整齐地摆着一只只卤鹅，另外还有卤鹅翅、卤鹅爪等。这些卤鹅不但可以现称现斩带回家食用，而且也可以抽真空寄给异地的亲友。

当地一家餐馆的厨师告诉我们，卤鹅的制法大同小异。一般都是把鹅买回来宰杀洗净后，先下到开水锅里汆去血水，然后捞入五香味卤水锅里卤制。卤水锅里除了要加入糖色外，还要放入自己配的香料包，其中有八角、白蔻、茴香、香叶、桂皮、山柰等十多种香料。

卤鹅时，锅里的卤水要一直保持微开状态。至于卤制时间的长短，则要视鹅的大小而定。一般说来，仔鹅的卤制时间要短些，约二十来分钟；老鹅的卤制时间要长些，一般为四五十分钟。卤好关火后，还要把鹅留在卤水锅里浸泡十来分钟至入味。卤好的鹅色泽油黄发亮、五香味浓、肉质香嫩。不同的鹅肉吃起来口感也有所区别，老鹅的口感要干些，仔鹅的口感则要嫩些。鹅全身的不同部位都可以卤制成菜，比如卤鹅翅、卤鹅肝、卤鹅肠等。

羊肉肴：把羊肉做精

颜记羊肉馆在当地开了 20 多年。他们把羊肉烹制成系列羊肴，比如粉蒸羊肉、手抓羊排、泡椒羊肉丝、香酥羊肉、红烧羊肉、香辣羊排等，同时，把羊的内脏也烹制成诸多美味，比如水煮羊杂、火爆羊腰、

选用羊脊背肉制作的滑肉汤

泡椒羊肾、火爆羊肚、炒羊肝等。

　　李德文是该店的主厨兼老板，他告诉我们，自己烹制羊肉看这么多年来，也积累了不少心得。羊肉菜看起来简单，但要做好并不容易，每道羊肉菜都有不少的细节窍门需要掌握。另外还需要熟悉羊身上不同部位肉的特点。

　　这家店在熬羊肉汤时也非常讲究，其中有四大关键点：首先在于选料，要选用当地黑母羊，其肉红里透黑，瘦肉也多。其次，在将羊肉、羊骨、羊杂一块下水锅煮时，要加入花椒粒和老姜块，煮的时间要足够，一般是两个半小时到三小时之间，使得羊肉的鲜香味充分渗入汤里。第三，煮羊肉时还要注意掌握好火候，开始煮时要用大火，快要煮好时则改成小火，让花椒粒沉淀下来，以保证汤色的清亮。第四，要提前一天把羊油放汤桶里熬煮，这样在次日下羊肉一起煮制时能增色增香。

　　店里煮制滑肉片，选用的是羊脊背肉，将其送入冰柜里冷冻一下，再切成大小厚薄均匀一致的肉片，将其放水盆里漂去血水后，捞出沥水，纳盆，加入红苕淀粉、盐和味精，拌匀后下入开水锅，煮至其浮在水面上且呈灯盏窝状时，捞出来盛入汤盆，撒些葱花便好。煮好的滑肉片晶莹细嫩，爽滑鲜香。

万灵小吃：叶儿粑与灰水粽

　　在荣昌采访期间，我们还专程去了万灵古镇。万灵古镇原名路孔镇，位于荣昌城的东边，依山傍水，风景别致，至今较完好地保留了明清时期的古街道和古建筑。古镇的两侧设有各式商铺，其中，餐馆里卖的多是些当地的特色菜，比如干烧母猪壳（即干烧鳜鱼）、红烧鳝鱼、

叶儿粑、灰水粽子

干煸肥肠、酸萝卜鱼等，但更吸引人的还是古镇的小吃。

万灵古镇有好几家店铺都在卖叶儿粑。我们在位于老街的"赵氏叶儿粑"店里了解到，这叶儿粑分为甜、咸两种口味。其中，甜味叶儿粑又叫做艾粑、清明粑，是采用天然野生艾草、优质糯米、红糖、白糖为原料，经吊浆等工序制粉，再用糯米粉包裹馅料，外裹清香的橘子叶或粽叶，最后上笼蒸制而成。甜味叶儿粑入口软糯甜香，还带着淡淡的艾叶香味，食后具有行气健胃的功效。咸味叶儿粑又名猪儿粑，主料选用优质糯米、荣昌生态猪肉、自制咸菜等为馅心制作而成。

万灵古镇的灰水粽子也值得一提，这是按照当地的传统工艺制作出来的，最吸引我们的是它奇特的形状——被包扎成了长条状。

文、图／张先文、周思君

大足

Dazu

世遗小城的特色小吃

重庆市大足区地处成渝高铁沿线，当地宝顶山上的石刻、龙水镇上的菜刀以及腌制的冬菜都较为有名。1999 年，大足石刻成为世界文化遗产，大足由此成为"世遗"小城。

说到美食，大足最有名气的莫过于邮亭鲫鱼。这次，我们深入大足区探访到了更多的美食。比如在龙水镇卖了十几年的金沙羊肉米线，在大足城的小巷内存在了多年的丁家坡洋芋，以及在三驱镇传承了几代人的田凉粉、甜粑和泡粑。

不管时代如何变迁，不管这些店的地理位置如何偏僻，也不管其经营规模多小，这些美食始终被大足人视为绝对的美味。

金沙羊肉米线

成渝两地的人对吃羊肉的时节和态度有所不同。一般说来，靠近

金沙羊肉米线

成都地区的人只在冬季吃羊肉来暖身进补，而靠近重庆地区的人好像一年四季都可以吃羊肉。所以，在重庆地区像羊肉火锅、羊肉汤锅、羊肉面、羊肉米线等美食随时都可以吃到。

在大足龙水镇上，有一家开了十几年的金沙羊肉米线。该店一直坚守一个味道，没有做出任何改变，但生意一直不错。据老板潘玉来介绍，考虑到运输方便，他们店都是选用本地的黑山羊。

潘玉来说："羊肉米线里边的技术含量很高，除了要考虑如何除去羊肉和羊肉汤的膻味以外，还要关注米线的吸水入味能力和软硬度的问题，以使米线既入味又弹牙。"

做羊肉米线要分几个步骤。首先，要熬制羊肉汤，煮羊肉羊杂，这两个环节可以同时进行。把羊肉块、羊杂和羊骨（敲破）洗净后，放入加有姜、葱、花椒和料酒的清水锅里，大火烧开，用漏勺撇净浮

091

沫后，下药料包并转小火保持微沸，煮至羊肉羊杂软熟时，捞出来晾冷，并切片待用。然后往锅里加入用羊油和辣椒面一起炼制的红油，继续熬约 2 小时，即得到羊肉汤。这个环节最关键的是药料包，它里面装有二十多种中药材（包括香料），能除去羊肉和羊肉汤的膻味。不过，老板对中药材的分量和种类讳莫如深。

其次，要炒制调料。把野山椒末、泡辣椒末、泡姜末、花椒和酸菜丝（量多）下入烧热的菜油锅里炒香，即可。

第三，制作羊肉米线。把泡好的米线装入漏勺内，并浸入开水锅里烫热，再倒入调有盐、味精、鸡精、胡椒粉和酱油的大碗里，然后夹入羊肉片或羊杂片，放些炒好的酸菜调料，撒入葱花和香菜末，浇些红油辣椒，最后灌入羊肉汤便好。羊肉米线端上桌后，用筷子稍和匀就可以享用了，吃到嘴里羊肉软烂化渣，羊肉汤鲜香味浓，米线入味弹牙。

丁家坡洋芋

"来过重庆，没吃过重庆火锅是一种遗憾；来过大足，没吃过大足县城丁家坡洋芋也是一种遗憾。"这是多年前一位网友对丁家坡洋芋的评价。初听这句话时，我不以为然，因为用洋芋做的小吃，实在是吃得太多了，难道这丁家坡洋芋有什么过人之处？

带着疑问，我走进了丁家坡这条小巷，并见到了丁家坡洋芋创始人王淑华的妹妹。据她介绍，丁家坡在 20 世纪 90 年代还处于大足县城的城边，当时，她姐姐就住在摊子旁边的筒子楼里。1989 年，姐姐为了讨生活，就在楼下撑起一把大伞，卖起了自家拌制的洋芋片和洋芋块。

丁家坡洋芋、三驱田凉粉

　　王淑华的妹妹说，刚开始经营的时候也很艰难，后来因为味道好、价格公道，口碑相传，生意才逐渐好了起来。特别是在抓住了周边三所学校里的学生和年轻人这一消费群体以后，买洋芋片甚至开始需要排队了。生意火爆了，洋芋的用量也增大了，每天清晨，王淑华便与七八名工人一起加工当天所用的洋芋：先把洋芋洗净，再用小刀削去表皮，然后切成片或块，最后放清水里浸泡，以漂去部分淀粉。一般情况下，小店每天要卖掉几大麻布口袋的洋芋。

　　丁家坡洋芋的做法并不复杂，先把洋芋片放进加有少量盐的沸水锅里焯断生，注意别煮过火了，否则洋芋片会很软，容易碎烂不成型。再捞出来摊放在大箦箕里自然晾冷。而洋芋块要多煮一会儿，让其变软熟。洋芋的"熟处理"完成后，接下来便准备拌味了，先把洋芋片（或块）装入大盆里，再加上蒜泥水、盐、味精和花椒面，最后舀些自制的红油辣椒拌匀，就可以了。丁家坡洋芋片味道香辣、口感脆爽，而丁家坡洋芋块则口感软糯粉面。

三驱田凉粉

几乎每一座城市都有一款好吃的凉粉，比如成都的洞子口张凉粉、伤心凉粉和旋子凉粉，南充的川北凉粉，遂宁的红苕凉粉等，大足三驱镇上的田凉粉也深受食客的追捧。

田凉粉是典型的小商小贩规模，其摊点就摆在街沿上，而摊子后面不足 4 平方米的小房间便是食客解馋的地方。据说，田凉粉是三驱镇田正华和唐吉英夫妇卖出名的，如今已交由其儿媳妇经营。

田凉粉的凉粉制作工艺来自祖传，用豌豆作原料，在打磨粉浆后，需经过多次过滤除去杂质和粗颗粒，所以，最后加热搅拌出来的凉粉，质地很细腻。同时，把凉粉切成细丝后又不会断裂。田凉粉看上去是灰白色，这正是豌豆粉浆的本色。

田凉粉的调味也简单，把凉粉丝装碗后，加上蒜泥水、盐、酱油、醋、味精、花椒面、麻油和红油辣椒，撒些葱花拌匀便好。田凉粉吃到嘴里麻辣酸香，口感细腻，很入味。我们总结了两个田凉粉的特点，一是切成细丝的凉粉很入味，二是炼红油辣椒时要用相对较细的辣椒面，并用小火慢慢加热炼制，以便获取辣味。

甜粑、泡粑

在田凉粉摊点的斜对面是一家卖甜粑和泡粑的摊点，没有店名，也没有招牌，只有一个既能烤又能烙的炉子和一个揉面的案板，还有

烙甜粑的炉子

一把遮风挡雨的大伞。如此简陋的工具就做出了有名的甜粑和泡粑。据说，甜粑和泡粑只有三驱镇才有，并且以李甜粑最有名气。

先说甜粑。把糯米和大米一起放清水盆里泡软后，再用石磨磨成粉浆，装入布袋里吊浆后，取出来揉成团，然后放蒸笼里蒸熟，取出来加红糖揉匀，便成面团。而甜粑的馅料用的是当地农村常见的汤圆馅心，把熟芝麻、酥花生仁碎、核桃碎、白糖、熟面粉和猪油一起拌匀便好。

上述准备工作做好以后，就可以烙甜粑了。先把红糖糯米面团下剂并压成圆形面皮，包入适量的馅心，捏合并压扁，放入平底锅上小火，烙至面饼表面硬挺并有金黄色的锅巴时，铲出来即可食用。烙好的甜粑口感软糯香甜。

再说泡粑。它是把面粉加老面、白糖、猪油和清水揉成团，待稍饧发成半发面后，加小苏打揉匀，以中和酸味，再下条扯剂并压成半球形，然后，放入炉火内烤熟，取出来晾冷便成，口感香甜，略酥。

文/舒朝荣

穿越千年的
巴人饮食风俗

璧山
Bishan

璧山位于重庆以西，东靠巴岳山，西据缙云山，向南延伸至长江，往北直走到嘉陵江。古志记载："两江夹送，形如柳叶。"境内山高谷浅，丘陵平缓，气候温润，雨量充沛，物产丰富。独特的地理位置和气候条件，造就了璧山独特的饮食习俗和饮食风味。

璧山古为巴国地，后渝州改恭州，又升为重庆府，璧山属之。巴人原居奉节以下，战败后沿长江上行，定居重庆建巴国，其活动向四周扩展，璧山成为其腹心地带。璧山人实为巴人后裔，继承了巴人的性格特征。因此，璧山的饮食习俗首先是巴人饮食习俗的延伸。巴人饮食喜辛辣，好酒水，这些传统至今保存于璧山民众的生活之中。璧山现在流行的来凤鱼、红烧兔等均以麻辣著称，璧山人家中也几乎都有一坛泡酒（泡广柑、柠檬等）。

除饮食喜辛辣外，璧山人的宴席习俗也保存了许多巴人的饮食特

来凤鱼 供图 / 视觉中国

点，特别是在生老病死、婚葬嫁娶、节日庆典等方面。巴人因生活环境恶劣，形成了喜欢群居、协同作战的习俗，凡有重大事情，无不聚会，或商议，或庆祝，因此形成了不同风格的宴席习俗，产生了名目繁多的宴席种类，诸如婚宴、寿宴、丧宴，以及三朝酒、周岁酒、升学酒、庆功酒、出师酒、买田酒等。人们相互唱和，饮酒为乐。于是又产生许多酒令，如划拳、估子、摸牌骰、榜灯笼。

　　璧山的饮食融合了"湖广"等地民众的饮食习惯。明末清初，发生了中国历史上规模最大的人口迁徙——"湖广填四川"。当今璧山人的先辈，许多是来自湖北、广东、湖南、贵州、江西、福建等地的移民。这些人带着各自不同的饮食习俗，同居于璧山这片土地上。这些不同的饮食习俗经过清朝康熙到嘉庆两百多年间的撞击、交流，逐渐融合为新的饮食风格。

璧山秀湖公园　供图 / 视觉中国

　　璧山饮食融合了"下江人"的饮食习俗。在抗日战争以前，璧山人主食以米饭为主，热菜以水八碗及其他肉食为主。抗日战争爆发后，重庆成为陪都，璧山为陪都的迁建区、卫戍区。迁入璧山的"下江人"约有六万人。这些人也带来了他们自己的饮食习惯，最为突出的是面食的兴起。早年璧山人以面为菜、做主食极少。"下江人"到璧山后，开了"豫鲁食店""东南餐厅"等，北方人的"崔大饼"得以风行，"三六九"的阳春面特别畅销，至今璧山的面庄、饺子店仍生意兴隆。

璧山饮食除了长于继承和融合之外，还特别善于创新，这是巴人喜动脑、爱创造的个性表现。改革开放以来，重庆江湖菜甚为流行，追根溯源，风起于璧山的来凤鱼。来凤为璧山中部重镇，自古为鱼米之乡。20 世纪 80 年代初，以唐德兴、唐治荣为首的一众厨师，在继承川菜传统手法的基础上，大胆创新，烧制出以麻、辣、烫、鲜、嫩为主要特征的"来凤鱼"，受到了过往食客的喜爱。著名书法家杨庭欣然题书"鲜鱼美"，盛赞味在璧山。艺术家张瑞芳、游本昌，歌星蔡国庆、李丹阳，书法家范朴也来一尝这道美味。一时食客不分远近，身份不论贵贱，云集来凤，共品佳肴。来凤鱼是较早流行的重庆江湖菜，之后才有泉水鸡、芋儿鸡、邮亭鲫鱼、太安鱼等的流行。

江湖菜为何流行？何以归类为"江湖"？我查阅了字典、辞海及许多烹饪专著，没有见到标准答案，也许可以这样理解：江湖菜就是民间菜，就是老百姓自己创制的菜肴。它既不同于皇帝孤家寡人的"宫廷御膳"，也不同于王公贵族的"豪门巨宴"，它以广大老百姓的家常菜为根。"一招鲜，吃遍天"，以普通人的乡情、亲情、友情、人情为联系纽带，具有很大的亲和力和吸引力。

原四川烹饪高等专科学校（现四川旅游学院）教授熊四智先生生前说过，"民间菜是中国烹饪之根"。对此，我深表赞同。通过对璧山饮食文化的研究，挖掘出璧山饮食习俗，其实也就是巴人饮食习俗的一部分；整理的名菜，其实就是老百姓自己的菜肴；收集的流传于璧山饮食界的逸闻趣事，就是当地美食的文化基础；而随节令而生的江湖饮食诗话，则把璧山美食文化带入了大雅之堂。

文、图／九吃

Jiangjin

江津

青花椒流行浪潮之源

在川渝两地，几乎每年都有一两道新的江湖大菜出现，并且在餐饮市场上掀起阵阵跟风浪潮。这些新菜，要么是厨师开发出来的新做法和新味道，要么是从偏远地区民间挖掘出来的全新吃法，而在这其中，也少不了新食材和新调料的功劳。若要问这十多年来川菜调料中谁是快速蹿红的黑马，那肯定非青花椒莫属！

青花椒大量现身于都市餐馆酒楼，还是从 2000 年开始的，因为有越来越多的厨师在尝试用青花椒去代替红花椒做菜，而大厨们也惊奇地发现——这种青花椒带着一股特殊的清幽麻香味，尤其是在跟青辣椒的鲜辣融合时，完全就是一种绝味。从此，川菜的麻辣家族又添了一股清新之风。

要追溯青花椒流行浪潮之源，那我们还得把目光投向位于重庆江津区的四面山。有一个问题得先讲清楚，在我国的云南、贵州、四川等西南地区，自古就有青花椒，在四川民间，人们以前也都习惯称其为"狗屎椒"。与大家常见的红花椒相比，这种色泽微黄的野生青花椒不仅香味不正，而且还夹杂着那么点苦味，不过乡下人却常用它来煮鱼或炒菜——以添加一种特殊的麻香味，只是那时这种非人工种植的花椒一直难登都市餐厅的大雅之堂，当然，也难以在早期的烹饪书刊中见其踪影。

大约从 1994 年开始，江津四面山地区便陆续推广栽种了一种经过改良的青花椒品种——"九叶青"，而"九叶青"的母本，最早是从凉山州的几个花椒产区引进。在经过农业科技部门的提纯复壮和矮化处理后，这种青花椒的特点和风味也变得更加突出，不仅色泽更为青翠（常温下放置一两天也不会变色），而且花椒表面的油包更多，所含油分更重，麻味也更加纯正。

最近几年，江津四面山的青花椒在栽种、保鲜，以及在烹饪过程中的运用，又有了一些改进的地方。虽然我们以前曾多次去江津采风，但在四面山花椒采收季，我们应知名青花椒品牌企业——"麻道"掌门人李钟超先生的邀请再次前往江津考察时，还是了解到一些跟青花椒有关的新信息。

沿着蜿蜒的山路，我们的车开上了四面山，在一处刻着"中国青花椒之乡"几个大字的岩石前停下来。刚打开车门，便闻到空气中飘逸着一股让人心旷神怡的麻香味。站在平台上抬头四望，呈现在我们眼前的全是青花椒树。据同行的花椒专家介绍，江津之所以能大面积地栽种青花椒，与当地的地理环境和温湿气候有关。四面山的土壤富含硒元素，再加上所在山区经常云遮雾绕，故而特别适宜青花椒的培育和生长。

每年的六月，在椒农把青花椒从树上采摘下来后，便有专业经销商上门来收购，买家要么将其做成保鲜青花椒，要么加工成青花椒油。和十年前相比，我们发现当地人种植和收获青花椒的方式也发生了一些变化，比如他们结合水果的矮枝技术，在采摘青花椒时，先是锯下主干外的所有枝条，以控制主树干不再往上生长。这样一来，青花椒树的高度不会超过两米，在收获季椒农不用梯子就能采摘，这也最大限度地保证了青花椒表面的油囊不破损。如今，江津四面山的青花椒已经形成了一条栽种、采摘、收购、冷藏、深加工的完整产业链。在江津，我们相继参观了生产保鲜花椒的工厂，以及当地的青花椒交易市场。

新鲜青花椒采摘下来运到工厂后，工人们先是手工挑选出变了色的次品，在逐一剪掉过长的果柄后，将其放入清水池淘洗一遍，再进行高温蒸汽杀酶（目的是阻止青花椒褐变）。把青花椒装袋并逐袋抽真空后，送进冷藏库里保存，随后才陆续发往各地市场以供应餐馆。

在江津，我们感觉当地人把青花椒的特性发挥到了极致，餐馆的许多菜，都因为用了青花椒而变得不同寻常。

鲜椒蛙与盘龙鳝

江津，因其地处长江要津而得此名，江水穿城而过，在城区受阻于鼎山转而向北，复受阻于马骏岭东进，再受阻于高家坪南回，最后转向东北方向——在环鼎山绕了一个几字形的大弯，因此，江津又名几江。

在巴蜀大地，凡临水之地，皆出产鱼鲜，而当地人也擅长烹鱼鲜菜肴。在江津城，打着鱼鲜招牌的餐馆有不少，我们去过的"赖佳馆特色香水鱼"就是其中之一。该店香水鱼的做法有点类似于火锅鱼——油多味重，不过在我们看来，其特色并不算突出，受到大家好评的反倒是由该店厨师制作的鲜椒蛙与盘龙鳝。鲜椒蛙用的是红汤汤底，不仅加了大量青椒节，调味时还加了一点青花椒，吃起来感觉鲜辣微麻，味道清香。盘龙鳝，则是加了大量干辣椒和花椒在锅里煸炒成菜，味道香辣。

鲜椒蛙

盘龙鳝

香水鱼

邹开喜酸菜鱼

邹开喜被人们称为"重庆酸菜鱼的首创者"，而以他的姓名为招牌的"邹开喜酸菜鱼"，已经有 20 年多的历史。若要追溯酸菜鱼的起源，那还得回到 1980 年，当时，邹开喜在江津金福镇开着一家小餐馆。一天，有客人来店里说想吃泡萝卜烧鲫鱼，他当时结合水煮鱼的方法做了一份，结果大受客人的好评，从那以后他家菜单上就有了泡萝卜烧鲫鱼一菜。

由于泡萝卜口感酸而软，加上鲫鱼本身刺多，所以此菜也让部分客人有所顾忌，邹开喜决定对其进行改良。在经过多次试制后，他把泡萝卜换成了酸菜，鲫鱼也换成了草鱼。

1982 年，邹开喜把餐馆迁到了双福镇，并且正式打出"邹鱼食府"的招牌——专门经营酸菜鱼。由于他的餐馆刚好在老成渝公路旁，所以经过往司机的口口相传，"酸菜鱼"的美名从 20 世纪 90 年代初开始，在巴蜀大地火了很长一段时间。

1997 年，邹开喜又把餐馆搬到了九龙坡区走马镇，餐馆面积扩大了，店名也改为"邹开喜酸菜鱼"。现在，年迈的邹开喜老人已经不再上灶，平时都是由其徒弟掌勺做菜，不过他只要有空都会到店上做指导。

酸菜鱼是用一个大不锈钢盆盛装上桌的，鱼肉入口嫩滑，酸香当中还夹着一股淡淡的麻香味。邹开喜告诉我们，他制作酸菜鱼的方式说起来很简单，可是每道工序都很关键。在把鱼肉片成大薄片后，要加红苕淀粉抓匀码芡，这样下锅煮制时不会碎烂，且能保证鱼肉的嫩度。酸菜一定要选用那种酸味纯正，并且有一定脆感的泡青菜，另外还要加放泡椒和泡子姜增味。

邹开喜的酸菜鱼和我们平时吃到的还不一样，只见盆内鱼肉上面覆盖着一层颜色泛白的辣椒节，然而现在外面流行的酸菜鱼做法，却没有炝泡青椒这一过程，因此，成菜的味道也就有了较大的差别。凭经验判断，我们开始还以为那是用热油炝香的鲜青椒节，不过在向邹开喜老人请教后才知道，只有泡青椒节被热油炝香后散发才能出来这种特殊香味。

酸菜鱼

制法: 1.把草鱼宰杀洗净，取净鱼肉片成大片，再把鱼骨和鱼头斩成大块，纳盆后，加入盐、料酒和鸡蛋清拌匀，静置5分钟后，加入湿红苕淀粉和匀备用。另把泡青菜切成大片，泡红椒切成马耳朵节，泡子姜切成片。

2.锅里放化猪油烧热，依次投入干红花椒、姜片、葱节、蒜瓣、泡青菜片、泡子姜片和泡红椒节，炒香并掺清水烧开后，放入鱼头和鱼骨，改小火煮熟便捞出来放盆里，另把鱼片下锅拨散，煮至刚熟便加盐、胡椒粉、味精和少许青花椒油，出锅倒盆里。

3.锅里放熟菜油烧热，投入大量泡青椒节，炝至青椒表面泛白时，倒在盆内鱼肉上面，即成。

古早川味

威远
七星椒

大安
烧牛肉
葱葱鲫鱼
春卷
长生面
葱香兔

锅巴泥鳅
锅巴鲫鱼

沿滩

富顺
豆花
豆花烤鱼
荤豆花

屏山
明前草草粑
春茶炒老腊肉

雀巢竹胎儿
百花竹荪
孔雀竹荪卷
夹口竹燕冻
山珍刺身拼盘

长宁

合江
早豆花
福宝豆腐干
蒸麦粑
佛荫鸡汤

鸭儿粑
珍珠粑
小黄粑
土火锅

高县

兴文
石米烘蛋
风味腌菜
黑米金瓜
苗家猪儿粑
飘香鱼
风味鸡

叙永
豆汤面

古蔺
麻辣鸡
酸菜脆皮蹄花
石宝红汤玛羊

筠连
辣蒸鸡枞菌
椒烧拌水竹笋

线路三

重访
川盐古道

近 几十年来，随着各地交通、通信的发展，以及各地饮食文化互融交流，成都地区、重庆地区的川菜地域特征相对弱化，但川南地域菜仍然保留其用料生猛、辛辣度高、擅长爆炒方式的特色。西南大学历史地理学教授蓝勇认为，在现代的川菜三大地域帮系中，川南地域菜的基础是更多保留了中国南方地区中古时期的烹饪饮食文化，即食糯文化鲜明、菜品辛辣指数高、擅长用蜀姜烹饪的三大特征。

在中国历史上，有一条重要的运输通道，那就是川盐古道。以自贡为代表的盐产地串起古盐道，从巴蜀地区出发，抵达云贵川鄂湘的诸多城镇村落，串接数千年的文化交流、经济血脉和民族风情，被称为中国井盐的"大运河"。今天，在川滇古盐道、川黔古盐道沿途的宜宾、泸州诸多小城，仍能看到川盐古道催生的老四川特色饮食，以及巴蜀汉唐的饮食遗韵，可谓"古早川味"。

晨雾中的宜宾蜀南竹海　供图／视觉中国

合江县福宝古镇，盛产福宝豆干　供图／视觉中国

泸州合江　供图／视觉中国

泸州合江先市酱油酿造作坊 供图／视觉中国

文、图／周思君

宝屏山下
有美味

屏山

Pingshan

屏山县位于岷江下游，其得名是因为县城东边有宝屏山，山形似屏障。屏山县有丰富的旅游资源，如老君山自然保护区，此外，其自然资源也较为丰富，知名土特产有：屏山炒青（茶叶）、叙府小磨麻油、屏山椪柑、龙爪豆、龙华镇抹禾笋等。

在当地的一家特色餐饮企业岷江大酒店，我们拍摄到了一些屏山县的特色菜肴。该酒店位于岷江大道华光街，总经理黄泽高告诉我们，他们酒店之前开在屏山老城区，后来因为附近建设向家坝水电站，于2012年搬迁至此。岷江大酒店的菜肴很有特色，不少菜品食材都是选用本地的土特产，成菜带着亲切的屏山乡土味儿。

老腊肉
春茶炒

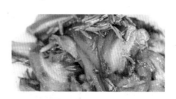

原料：新鲜岩门青茶80克，老腊肉块200克，味精、菜油各适量。

制法：1. 把腊肉块放入温水盆里浸泡2小时，洗净后捞入开水锅里，煮熟后捞出来切片；另将新鲜青茶下入开水锅里，快速焯水后捞出来沥水，均待用。

2. 把腊肉片下入烧热的菜油锅里爆出油，将多余的油脂笓去，倒入焯水后的春茶炒匀，加入味精调味，即可起锅装盘。

明前草草粑

黄绿相间的草草粑，是屏山当地一道名小吃。做这道小吃，要用到一种特殊的食材——明前草。这是屏山当地清明节前在野外生长的一种可食性野菜。用它做的草草粑，吃起来带有一股山野清香味。

原料：糯米粉 500 克，明前草 200 克，白糖、菜油各适量。

制法：1. 把明前草洗净，放入开水锅里快速焯水后，捞出来沥水并放案板上剁碎，然后纳盆加入适量的糯米粉、白糖和水，拌匀后定型，入笼蒸熟，取出来放入盘中，晾凉备用。

2. 将晾凉的草草粑切成大小一致的三角片，逐一下入烧热的菜油锅里，煎至两面酥黄时，盛出来沥油装盘，稍加点缀，即成。

老盐菜炒抹禾笋

抹禾笋是屏山县龙华镇的地方特产，其外表呈翠绿色，炒制成菜后，口感清脆。

原料：龙华抹禾笋 250 克，老盐菜 100 克，蒜苗、红椒、盐、味精、菜油各适量。

制法：1. 将抹禾笋切片，下入开水锅里汆断生后，捞出来沥水；蒜苗切斜刀片，红椒切片；老盐菜下入开水锅里焯断生，捞出来沥水，均待用。

2. 炒锅入菜油烧热，先下老盐菜煸香，再下入抹禾笋片、蒜苗片和红椒片翻炒，加入盐和味精调味，翻炒均匀即可装盘。

文/李子冉　图/田道华

温柔味蕾的糯米粑粑

高县
Gaoxian

古代南方丝绸之路主要有两条线路：东道和西道。东道，从成都出发，经僰道、南广，进入云南……其中，僰道是宜宾，南广就是高县。

两千多年后的今天，舌尖上的南丝绸之路再次诱惑着人们。每一天，美食都在打开味蕾和未来，简单质朴的味道连接着故乡水土，汇聚成故乡味，让日常生活中的人们可以耽于片刻的享受与迷醉，每日餐食都宛若仪式。

鸭儿粑

在高县街头，何氏鸭儿粑门口，炉火燃得正旺，几层大蒸笼"呼呼"冒着白气，食客往来，自有默契。不管在哪里，只要是百吃不厌的故乡味道，终成经典。

小小鸭儿粑被题词为"玉色清香"，凝聚了百余年的家族情感与记忆，传承了一方水土的百年匠心，更是三代人传承的宜宾市非物质文化遗产。

"吃鸭儿粑就是要吃气。"何氏鸭儿粑第三代传承人何均海女士说。吃气，就是刚揭锅趁热吃。掀开蒸笼那一刻最令人期待。热气腾腾中，鸭儿粑的真容还藏在缭绕的烟雾里，一股清香带着热度扑面而来。刚出笼的鸭儿粑在良姜叶上洁白晶亮，两相映衬，一白一绿，一醇和，一浓烈，两者色香自然调和。鸭儿粑有咸有甜，当你看到白色的"鸭儿"上点缀了几点红色，就知道那是甜味的。

说到这儿，你能猜出鸭儿粑因何得名了吧。

何女士说，自己的祖母侯龙玉十多岁嫁到何家，就开始做鸭儿粑。当时筵席荤菜有鸭子，侯玉龙的面点仿其形而制。这道面点色泽洁白，皮薄鲜嫩，置于良姜叶上，犹如一只只小鸭子在碧波上畅游，故得此名。当年，她放学后就跟祖母学做鸭儿粑，那已经是几十年前的旧事了。不同时代的女性用同一种食物联结了岁月长河。

"原料要用高县云山牛山场招儿村产的大酒米（糯米），用高山冷水几经浸泡，再用石磨细磨成粉，制成皮。馅料有咸肉、麻酥、玫瑰三味。玫瑰馅料是用我们自己种植的玫瑰和芙蓉花瓣，加上冰糖、白糖制作成馅，再拌以芝麻、核桃仁、生猪油等制成；咸肉馅料是精选肥瘦适度的新鲜猪前夹肉细剁成馅，加上宜宾芽菜、盐、花椒、味精、葱花等炒制而成。外包良姜叶，上笼以大火猛蒸，一气呵成。蒸好的鸭儿粑浓香扑鼻，油而不腻，芳香爽口，不粘叶、不粘筷、不粘牙。客人吃了还想带走，我们就加工成冷冻品，国内外都能买到。"

川南大江大河，稻米润泽。饮食上既有码头文化豪放的"力"属性，又有用软糯粑粑宠溺舌尖的"萌"属性。除了鸭儿粑，各种粑粑层出不穷。单高县菜市场里，就有好几个卖粑粑的摊位。

珍珠粑制作过程

　　菜市场在一条长长的斜坡之上，越往里走，越高。菜市场聚集一地风物，供游客解读当地食材密码，也展示着本土滋味儿和性情。这里的粑粑，可以当作早餐或早餐的补充。小小摊位，没有名字，没有广告，没有挂出曾得过的奖项。唯有当地人熟知这味道。

珍珠粑

　　珍珠粑的制作者唐女士用一个又一个的珍珠粑，串起了数不清的清晨。珍珠粑是什么样子？圆圆的个头，外观看不出有什么特别，直到掰开的那一刹那，才能发现它自带惊艳元素：一粒粒珍珠般的糯米和其他馅料一起藏在干香酥脆的壳里。带着咸味的内馅口感油润却不腻，糯米略带弹力，新奇和满足感四溢。

　　现在，珍珠粑已不多见了。每个售价仅 1 元的珍珠粑，其利润自然不能和许多每份动辄几十块钱的小吃相提并论，但其对制作者的技术要求却比一般小吃高得多。更难得的是，制作者数十年如一日的坚持和传承之心。

小黄粑

再往上走，就来到了李愈鹏的小黄粑工坊，内间制作，外间出售真空包装的多种口味小黄粑。小黄粑之所以冠以"小"字，因其身材小巧可爱，可以一口一个。将上等糯米洗净、浸泡、磨浆，糯米浆与红糖熬成的糖浆巧妙碰撞，互相渗透。加入红糖的糯米在密闭的木甑中经过长时间的蒸煮和发酵，分解出大量的糖分，色泽由白变黄，也越发甜润晶莹。想做成不同口味，可以在制作过程中加入不同配料。李愈鹏在柜台前，手指灵巧翻动，使绿叶、压制成型的小黄粑和细线跳起舞蹈，几个舞步，小黄粑就被包裹在叶子中了。买一袋回家蒸热，叶子的清香、小黄粑的甜香完美融合，色、香、味及营养一应俱全，平衡且和美。

这种系带的小点心，颇具古意，可用于贺节、待客、送礼，蕴含着庆贺丰年，生活幸福之意。人与人的关系也被这小点心黏合得更紧密。

系带的小黄粑

百年土火锅
土滋土味

文／魏淑慧、熊焱 图／田道华

　　早晨6点，四川宜宾高县庆符镇普陀村刚刚苏醒，鸡鸣乡间，犬吠柴门，炊烟于屋顶袅袅。乡村的清晨，静谧安然又勃勃生机。天色尚未亮透前，我们跟随宜宾川菜大师邓正庆走进了普陀村，进入矮墙内的一处院坝，天色迷蒙中，突见火焰升腾，火星飞溅，着实让大伙醒了神。两个身影，举着长杆在火光边挑起一物放下，再挑起再放下地忙活着。

　　"这可是非遗土火锅哦！"邓正庆在一边提醒。细看这非遗砂器，外形粗朴，黑里透亮，砂眼肉眼可见，一排排躺在地上，似待检阅。火光、烟气、土火淬砺，惊心动魄中，一丝一毫都把握得刚刚好，容不得半点差池和怠慢。这沉甸甸的黑色砂器，便是高县家家户户年节餐桌上当仁不让、老少皆爱的百年主角——土火锅。

　　土与火的淬炼是个神奇的过程，只见黄丙学妻子将烧制成型的火锅盖子也挑出了釉孔。这一锅一盖，见证了高县美食民俗的百年故事。黄丙学的老丈人一家三代做土火锅出身，他二十岁时到老丈人的火锅厂当学徒，经过几年打杂，把土火锅烧制前的基础把式学了个扎扎实实。没承想，老丈人的女儿看他干活勤快踏实，就嫁给了他。

我们跟着黄丙学走进窑孔后的制坯屋里。黄丙学头顶的上方架子，以及屋外的架子上，晾晒着一排排尚未入窑烧制的半成品坯，它们需放置一周左右，才有资格出阁入火，接受淬炼。

回过神，再看黄丙学，他手上的火锅生坯已被琢出炉膛栅孔，制底盘、做烟囱、做底脚，外壁安上火锅把，随后制出火锅盖……一系列动作麻利又细致。做了四十多年土火锅，当黄丙学单手举起纯手工打造的火锅坯的一刻，年逾六旬的他，像个久经沙场的战士。

"无锅不过冬，无锅不过年。"这个在高县民间人们生活中不能缺少的锅，就是土火锅。在黄丙学的学徒时代，土火锅直呼火锅。老丈人的火锅厂不单单生产这个，还制作砂罐、菜坛等器具，后来随着生活中各种材质的器皿出现，砂罐等渐渐隐没，唯有这土火锅至今活跃在居家百姓的餐桌上。

"不同于后来的铜火锅等锅的质地，高县的土火锅是用特殊砂土制成，是地地道道传承百年的老手艺制成。"黄丙学用一口当地土话解释着。黄丙学说，制锅的砂土，是从几十米深的矿洞里挖出来的。因砂土是如煤炭的块状，使用前需先经多日的日晒雨淋，然后压成粉状，才掺水和成泥巴，着手做生坯。上釉的树叶，以前用的是桉树叶或杉树叶，后来换成樟树叶。"这些叶子出油气，能给土火锅上釉。每年三四月份就去多捡一点回来备用。"

黄丙学认为，锅中的矿物质和食材在熬煮中发生微妙反应，使汤底味道更醇厚。有时中午这顿吃不完，晚上继续吃时，味道浸入食材里面，"那是只有土火锅才能有的巴适味道！"当地人出门在外，回家第一顿

饭须土火锅菜下肚，胃肠才得熨帖舒服，纵然满世界的美味，也抵不过心心念念的这一锅土滋土味的火锅菜。

邓正庆之侄邓全恩在高县开了餐厅——"巴蜀家宴"，主打川南菜和高县土火锅。邓全恩在土火锅的烟囱和锅体上套了一圈铁箍，这是当地人为了延长土火锅使用寿命长期摸索出来的土方法。说是"火锅"，但做法不是"涮"而是"煮"。烹制土火锅的食材非常丰富，形式上有些像什锦火锅，食材有土鸡、尖刀圆子、干鱿鱼、炸猪蹄、鲜笋、木耳、香芋、玉兰片、豆腐、酥肉、豆筋、豆腐、番茄等。干鱿鱼赋予底汤厚重的鲜味，也可以加一些金钩，本地产黄姜也在调味中起到了重要的作用。

烹制时先将香芋、鲜笋片、玉兰片码在锅底，再码上一层水发鱿鱼、炸猪蹄块、酥肉和土鸡块，然后下入花椒、盐、鸡精、黄姜末和姜片等调味料，掺入适量大骨汤，将点燃的炭放入内胆，盖盖煮 2 小时即可。煮好后还差最后一个关键环节，即在最上一层交错摆入豆筋及尖刀圆子，煮熟后，间隔下入番茄瓣，撒上葱花即成。这一层的摆法最有特色，无论是尖刀圆子与鹌鹑蛋、圣女果、羊肚菌的组合，还是与豆筋、番茄的组合，都是交错开来，鲜艳而分明。

除了底汤外，食材的选择与处理非常关键。土鸡可直接斩块煮制，但最好是汆水后再入锅。猪蹄和酥肉最好现场炸制以保证口感，尖刀圆子亦是手工制作。一份土火锅可供五六个人食用，吃完锅中食材后，还可以涮烫粉条、绿叶蔬菜等。

想要土火锅更好吃，蘸料也是其中的关键，普通的用生抽、香醋、味精、花椒油、小米椒、香葱、香油、白糖等纳碗拌匀即可，讲究一些的还加入自制酱料。邓全恩说，高县很多餐厅都有土火锅，食材味道差别不大，区别主要在于蘸料。烹制土火锅比较耗时，平常去吃的话，最好提前预订。

待煮得差不多了，大家迫不及待地举箸入锅。先夹一块尖刀圆子试试味道，圆子煮得恰到好处，底味厚重，味道醇和，带有一股浓郁的鲜味。新制出来的土火锅恐怕不会有此滋味，可能是用得久了，烧煮的食材多了，各种鲜味融入土火锅中，使其自带鲜味，就像喝茶的紫砂壶，用得越久味道越浓，寻常的不锈钢或铜锅绝无此等效果。

大家一边吃，一边天南海北地聊了起来。邓全恩说土火锅的历史可以追溯至清代"湖广填四川"时期，传说是先民将一种土制砂锅带入四川，慢慢演化为如今的模样。汤里加入海鲜是为了提味，但这一大（干墨鱼）和一小（金钩）"海味料"不宜多加，以免抢去食材原味。店里的墙绘，将高县土火锅形容为"家的味道"，可以看出高县人对土火锅的固有情怀。

筠连

Junlian

无笋不欢

文、图/刘乾坤

多年前我到宜宾市筠连县，登上了筠连最高峰——大雪山，只见乔木茂密、竹林森森。据记载，在宋元时期，这里翠竹连天，因此得名筠连。

在我看来，美食体系的形成不外乎两大形式，一种是在交通发达的地区，不断接受外来味型与工艺的影响，形成美食风格；另一种是在本区域沉淀、演化，逐渐成型。筠连美食便是后者。相对于旅游开发的区县，筠连还不是大众旅游的热土，因此极好地保留了当地传统的美食。相较于富庶的成都平原精致的美食，山区县的美食粗犷、简单，往往能迅速抓住你的味蕾，很久都难以忘却。

无笋不欢

在川南，吃笋并不是长宁竹海的专属，筠连同样也是一个无笋不欢的地方。这里紧邻贵州、云南，出产的竹子有 17 种之多，以楠竹、水竹和甜竹为主。所谓甜竹，是笋子的上半部带甜味，中部带苦味，

大雪山水竹笋

当地人又叫它甜苦竹。

　　如今虽然物流很发达，但鲜笋对于都市中的人来说，终究还是稀罕之物。在筠连县城，上午到菜市一逛，都是当天早上从山上采挖的鲜笋。每年五月底六月初，是水竹笋上市的时候。水竹笋鲜美甘甜、翠绿嫩爽，在成都菜市场上我碰见都会买回家，细心处理后，清水漂洗，然后炒肉丝肉片。到了筠连才发现当地吃法极为生猛——用豆瓣酱腌成酱笋、炒腊肉、做泡菜，真是靠山吃山。

　　笋子多，吃法自然就多种多样。在当地我还吃过一种混搭的拌笋——烧椒拌水竹笋。当地朋友热情地邀请我们到他家中做客，除了传统的甜烧白、香碗等，还特地上了笋子菜，这道凉菜显然与贵州同俗，用了煳辣椒、酱油和醋，没有用红油。云贵川接壤的地方，喜欢吃煳辣椒，在拌好的笋子上，又放上了柴火烧的青椒，一绿一白两种食材加上煳辣椒的红色，好看，入口有笋的甘甜和青椒的微辣，爽口。

　　丰年留客足鸡豚。在四川民间，猪肉与鸡肉，一定是待客的主要食材，酒过三巡、菜过五味，一道干笋乌鸡汤端上桌来。干笋经过晒制发酵，有更复合的香味，加上脱了水，和鸡一炖，能充分吸收鸡汤的鲜味，同时也大量吸纳油脂。有了动物油脂的浸润，干笋特别好吃。在炖煮中，干笋同时也释放出笋的植物蛋白和微量元素，这一锅干笋乌鸡汤来得正是时候：醇厚鲜美，醒酒、泡饭两相宜。

辣蒸鸡枞菌

一场雨过后，山里的菌子陆续冒了出来，城市的街巷里会出现一些卖野生菌的人，手里提着用草绳穿着的一朵朵菌子，当地人叫斗鸡菇、山大菌。长得快的菌已经撑开了大伞，长得慢的还成锥状，从美食的角度，还未撑开伞的菇更鲜嫩。这种菌在我的家乡资中县也有，叫山蘑菇，现在卖得很贵，其中文名我还是请教了中科院植物所的研究员庄平才知道——就是菌类家族中赫赫有名的鸡枞菌。

在四川盆地的很多地方，这类鲜美的菌一般都是用来煮汤——在我的记忆中，家里偶尔买到鸡枞菌，通常是做煎蛋汤，筠连的吃法可以说是头一遭：辣蒸！

把鸡枞菌撕成小条，铺在汤碗中，掺水，加入大量的二荆条辣椒节子，把碗覆盖得满满的，还要加一些小米椒节子。虽为川人，我也是大惑不解。将这一碗辣椒与鸡枞菌的混合物上笼猛蒸30分钟，工艺就是川菜传统菜中的隔水蒸，上桌之后，当地朋友兴高采烈地喊道："吃斗鸡菇了。"我用筷子拨开浮在上面的辣椒节子，夹了一块菌子，入口鲜香、滑嫩，随后就是一股鲜辣溢满口腔，这种融合了菌香的辣很提神，旋即舀了一碗汤，鲜辣、鲜香，两三口下肚，额头微微冒汗，或许这样的吃法适合山区阴湿气候——祛湿。

文、图／周思君

大开眼界的全竹宴

长宁
Changning

提起长宁县，人们首先想到的就是知名景区蜀南竹海。长宁县的植被资源丰富，在当地形成了别具特色的"竹海""双楠"（楠竹、楠木）和"松竹"景观。当地生长的竹有300多种（含引进竹种），四季皆产鲜笋。同时，长宁县也盛产各种菌类，比如"真菌皇后"长裙竹荪，以及灵芝、鸡丝菌、乔巴菌、黄丝菌、鹅蛋菌、香菌等。除此以外，长宁县还有竹虫、竹花、竹筒饭、竹海腊肉等与竹相关的美食。

王健是长宁县龙腾大酒店的总厨。据他介绍，全竹宴分为竹笋、竹荪、竹燕窝等竹看类别，是由竹荪酒、竹笋、竹荪蛋、竹荪菜、竹海腊肉、竹筒豆花、竹菌、竹泡菜等"竹"菜汇成，其中每一道菜（或者饮品），都与"竹"有着直接或间接的联系。这些竹看不但口感独特，而且营养丰富。

雀巢竹胎儿

竹胎儿又名梦荪，藏于竹荪蛋中心，成熟后会撑破竹胎盘，长成

雀巢竹胎儿

竹荪。先把竹胎儿放入水盆中泡水发涨，洗净后沥干水分，改刀待用。另往盘里摆入事先做好的"雀巢"。把改刀的竹胎儿逐一裹上事先调好的脆炸粉浆，然后下入烧热的油锅炸至色泽金黄，捞出来沥油。锅留底油烧热，下炸好的竹胎儿，再放青红椒碎翻炒，其间调入椒盐，炒匀后起锅装盘，稍加装饰，即可。

百花竹荪

竹荪营养丰富，香味浓郁，滋味鲜美，自古就被列为"草八珍"之一。

有一道摆盘精美的"百花竹荪"。首先，把胡萝卜去皮并切丝，纳盆加少许盐腌渍。黄瓜改刀成长条后，也切成丝，待用。竹荪先放水盆里稍泡，捞出来沥水后，下入开水锅里焯熟，捞出来沥水。往竹荪里边放入胡萝卜丝和黄瓜丝，包紧后切成斜坡块状，然后呈花朵形摆盘，配酸辣蘸碟或者红油蘸碟，上桌蘸食。

百花竹荪

孔雀竹荪卷

虾仁去沙线后洗净，鸡胸脯肉洗净，两者和肥膘肉一起放料理机里打成茸，纳盆加入少许盐和味精拌匀。另把竹荪放水盆里泡涨，捞出来沥水，胡萝卜切成丝，待用。将打好的虾仁肉茸逐一灌入竹荪内，同时装入一根胡萝卜丝，切成短节后摆入碗内，然后送入蒸箱蒸数分钟至熟透，取出来待用。

将蒸好的竹荪节倒扣入盘中。用白萝卜雕成孔雀头，用黄瓜片和胡萝卜丝等在盘里摆成孔雀型。装好盘后，淋入咸鲜味的二流芡（白汁），即可。

爽口竹燕冻

竹燕窝，又名竹菌、竹花、竹菇等，是一种名贵的真菌类食材。其形、味均如燕窝，集鲜、嫩、脆、爽口之特点于一身。把竹燕窝解冻后，

126

爽口竹燕冻

放清水盆里漂尽杂质，捞入开水锅里焯水，再捞入凉开水盆中冲冷，捞出来挤干水分待用。另把木瓜去皮，对剖开并除去内瓤，待用。

往开水锅里放入适量的鱼胶粉，完全溶解后关火。待其降温至20℃左右时，放入少许盐，以及挤干水分的竹燕窝，拌匀后灌入木瓜内，再送入冰箱冷冻，取出来切扇形，摆盘即可。

山珍刺身拼盘

新鲜苦笋可直接食用，肉呈白色，靠近笋根的部位带有微甜味。把苦笋去皮切片；春笋切片后下入开水锅里焯断生，捞出来沥水，均待用。竹荪蛋放入清水盆里泡发并去除杂质，然后下入加有少许盐的开水锅里焯熟，捞出来切薄片。

把苦笋片、春笋片和竹荪蛋片依次摆入冰盘面上，加以装饰，配芥辣味碟、鲜椒味碟等上桌即可。

文、图/周思君

石海洞乡的特色菜

兴文
Xingwen

提起兴文县，人们首先想到的，或许就是兴文石海这一全国知名风景名胜区。兴文县位于四川盆地南边川、滇、黔三省的结合部。因该县的石林、溶洞遍布 17 个乡，故当地又有"石海洞乡"之誉。石海洞乡是我国喀斯特地貌发育最完善的地区之一，与竹海、恐龙、悬棺并列为"川南四绝"。兴文县也有不少名优土特产，比如方竹笋、乌骨鸡等。

当地代表性的餐饮企业，有谢六饭店、响水滩农家乐、飘香人家等。谢六饭店于 1999 年开业，位于兴文县纺花溪商业步行街。据店老板谢六介绍，他们店主要以色香味俱全的家常菜，以及当地特色乡土风味菜为主。响水滩农家乐则开在古宋镇马兰湾村，这个农家乐的几道特色菜也让我们眼前一亮。

石米烘蛋

石米是兴文县乡野间生长的一种野菜，常在春天采食。谢六饭店以其为原料，制作了石米烘蛋。首先，取鸡蛋 5 个，磕入碗里打散，

石米烘蛋

加入淀粉、清水和石米，搅匀待用。然后往锅里加入少许色拉油烧热，将调好的鸡蛋液倒入锅内，快速翻炒至稠糊状时，锅离火，并用铲子将蛋饼四周的薄片向中间合起，在锅内晃几下后翻过来，用刀切成约3厘米的菱形块。这时加入清油，调大火把鸡蛋块炸至外酥内嫩，铲出来装盘摆型，稍加装饰即可。

风味腌菜

腊菜是在二三月份将兴文本地的一种青菜加盐入坛腌渍而成的腌菜。谢六饭店有一道鱼香菜拌腊菜，把洗净的鱼香菜、腊菜纳入盆内，加入适量的盐、味精、辣椒面、香醋和芥末，拌匀后装盘便可。

盐菜是兴文县的另一种腌菜，制作方法是用本地青菜，经太阳晒干后，纳盆加白酒、花椒、八角、山柰、盐等抓匀，拴成小把，再放入大坛中腌渍两三个月便成。这种盐菜用途很多，可以用来干煸、凉拌、烧汤等。响水滩农家乐有一道脆皮烧白，即将五花肉与盐菜搭配。

糯米小吃

像川南的大多数地方一样，兴文人喜食糯米。谢六饭店有一道黑米金瓜，做法是将蜜饯、猪油、红糖与煮好的黑糯米一起拌匀后，与金瓜片间隔铺在碗中，上笼蒸制 45 分钟至熟。

苗家猪儿粑，则是把糯米粉用清水揉成粉团，取小块粉团于手心，搓圆后再按扁，然后在其中心放入现制的咸鲜味猪肉馅心并制成型，放入垫有屉布的蒸笼里摆好，放入蒸锅蒸约 8 分钟。在蒸制过程中，需要揭开盖子两三次散气。若用一气蒸熟，猪儿粑容易变形。

飘香鱼与风味鸡

飘香鱼口味特别，香气复合，是谢六饭店的招牌菜，不仅有辣椒面的辣香、侧耳根（鱼腥草）的清香、香醋的酸香、芽菜的醇香，还有薄荷的鲜香等。

兴文特产乌鸡，当地大厨将它烹成一道道秀色可餐的乌鸡大宴。谢六饭店有一道风味鸡，把乌鸡去骨，剁成条后加鲜笋、烧椒酱、鲜花椒同炒而成。

风味鸡、飘香鱼

文／尹敏　舒立新

绕不过的豆汤面

叙永

Xuyong

叙永县位于四川盆地南缘，地处成都至贵阳、重庆至昆明两大轴线交会点。叙永是四川省首批历史文化名城，自唐置蔺州、元置永宁路以及明设永宁宣抚司以来，已有一千多年的历史。叙永不仅文化底蕴深厚，民风淳朴，而且商贾云集，自然形成了川、滇、黔三省的物资集散地，素有"川南门户"之称。

豌豆广泛运用于川菜，在川渝很多地方都能吃到豆汤饭，或者豌豆杂酱面。叙永人却另辟蹊径，将清汤风味的豆汤面作为早餐的主角。

叙永豆汤面的汤汁清澈光亮、汤宽微黄，基本全部淹没面条，豌豆颗粒完整如珠，肉臊呈规则的大颗粒状。所用面条是当地的细水叶子面，挑一夹面条入口，软爽滑；再喝一口面汤，鲜香醇厚、浓郁饱满；夹食其中的豌豆、肉臊：豌豆粉烂、入口即化，呈细沙状态的豌豆在嘴里既有自己独特的香味，又强化了汤汁、肉臊的风味，而具有咀嚼感的肉臊香酥细软、香气扑鼻……

豆汤面的第一大特色是豌豆，日常菜式中常用胡豆、豌豆、红腰豆、花豆、芸豆、菜豆等，叙永豆汤面选择的是大白豌豆。挑选好的豌豆放入清水浸泡，中途需要不时换去黄水，直至清澈，待其完全吸水膨润涨大且中间没有硬心，再放入干净的大锅里，掺入大量开水及少量食用碱、食盐，开中火。烧开以后改用小火慢炖，直到豌豆整体完全变软、中间没有硬心，豌豆皮似爆而又没有完全破皮，豌豆的淀粉颗粒没有散开时，捞出来滤去原汤，放入熬好的骨头汤里泡着存放。这种豌豆制作方式是叙永豆汤面与其他不一样的地方，也是形成叙永豆汤面特色的主要环节。

第二大特色是专门熬煮的猪骨汤。平常餐饮行业内吊汤多用棒子骨、龙骨、肩胛骨、鸡架等材料，这样的多种原材料组合既麻烦，成本也不低，而且熬煮出来的汤汁油脂太重，要达到汤汁青花亮色、风味浓郁有较大难度。

叙永一带豆汤面所用猪骨汤则选择了大家基本不用的猪腮帮骨来熬制。在县城猪腮帮骨新鲜、便宜，拿回来放在清水里浸泡去血水，放入汤锅，掺水，用小火慢慢熬煮。只要时间足够长，熬煮出来的汤汁就清澈光亮，浮油很少，风味鲜香浓郁，能体现出豆汤面以汤见长的特征。

第三大特色是肉臊与众不同。选用半肥半瘦的猪前夹肉，先放入汤锅，开中小火煮至成熟定型，捞出来沥水并洗净外表，自然晾冷后切成筷子头大小的颗粒，再放入加有猪油的炒锅内，小火慢慢翻炒至肉粒开始吐油，待油脂清亮、水分将干时，调入食盐、甜面酱，继续翻炒至肉臊上色均匀，外表红亮即可。

第四大特色是面条了。川南的古蔺、叙永一带的人一直喜爱手工面条，而制作手工面条需要使用食用碱、食盐来调节面条的筋力，这样制作的面条才不容易断裂，夏季存放的时间也相对长一些。豆汤面用新鲜的湿面（当地称为水叶子），使用大锅煮面，汤宽水沸，现煮现挑。虽然是汤面，仍然入口滑爽，筋道有弹性。

豆汤面的调料相对简单，离不开有当地特色的土酱油、猪油等。在合江的先市有几家规模化的传统酱园，它们在赤水河边分布有大量酱缸，长久日晒、自然发酵而浓缩成的手工酱油，色泽褐红，鲜味突出厚重，酱香、脂香浓郁。这些手工酱油可能也是影响川南地区饮食特色的一个重要因素。

猪板油在叙永传统饮食中占有重要地位。豆汤面的猪板油表现为一种灵动，融化的猪油花漂浮在清汤上，流动光亮，使面条入口有滋润感，还有浓郁香气。

叙永豆汤面一般都是吃清汤风味，制作相对简单。面碗内提前加入食盐、酱油、胡椒粉、味精、猪油打底，挑面前掺入滚烫的猪骨汤，挑入甩干面汤的熟面条，舀入肉臊和豌豆，最后撒上几颗葱花即可。如果要吃辣的怎么办？自助台上有红油辣椒、辣椒面、花椒面、香菜、葱花、醋等，自己随意取用。当然还有免费的洗澡泡菜，这也是四川面馆的经营之道。

叙永豆汤面

文／刘乾坤　图／刘乾坤、尹敏

古蔺

Gulin

沉睡在山里的味道

　　四川省东南部有一块弧形的半岛状山区，与贵州毕节、赤水、仁怀等市县隔赤水河相望，这里有过举世闻名的四渡赤水战役。在这群山起伏的盆周山区县城古蔺，深藏着不少地方风味美食。

麻辣鸡：古蔺符号

　　如同众多从民间自下而上到达高档餐厅的美食一样，古蔺麻辣鸡也实现了草根美食的华丽转身。

　　古蔺县城中，不少麻辣鸡店以姓氏命名，有开了几十年的老店铺，也有带着时尚风格的新店铺，真不知道这古蔺县城一天要吃掉多少只鸡。古蔺麻辣鸡的共同特点是整鸡卤制且整只出售，再分割成块蘸着麻辣蘸水吃，佐酒下饭很不错。每家卤制的鸡都保持完整的外形，而

麻辣鸡

且鸡不破皮，从味道到外形，都形成了典型的古蔺风格。

据当地人说，卤水与蘸水，是各家的法宝，大致相同的味道，但又有细微的变化。正如宋朝苏易简曾说："物无定味，适口者珍。"各家之间的差异，也就形成了各自的风格，沉淀了各自不同的食客。食用麻辣鸡有一定的讲究。麻辣鸡的蘸水重用红油，蘸碟的上部全是重量轻的红油，而复合的香料之味是沉在底部的，因此要让鸡片有更好的滋味，就要把鸡片伸入碟子底部用力搅动，以期沾上更多的香料，使其鲜香浓郁。

一方水土养一方人，麻辣鸡那辣味绵长爽口的感觉，离不开古蔺当地产的"一喂尖"辣椒。这种辣椒是簇生椒的一个变种，主要出产于古蔺和周边的山区。地方风味的魅力便来自这些平常不被关

135

油炸蹄花

注的区域物产。

酸菜脆皮蹄花：独特的酸香煳辣味

酸菜脆皮蹄花里的酸菜，是用古蔺当地一种青菜腌制而成。青菜是民间的通称，正式的中文称谓是叶形型芥菜，大家熟悉的酱腌菜如南充冬菜和资中冬尖，用的是大叶芥，宜宾芽菜用的是小叶芥。古蔺酸菜的原料用的是当地产的长柄芥，学名叫白秆甜青菜，柄长、叶片阔卵形或扇形，白秆甜青菜的芥辣味淡，是优质的鲜食蔬菜，煮熟后纤维较少，带有微微的回甜。做成酱腌菜，风味独特。

在嗜辣喜酸的古蔺风味中，这酸菜，在盛夏时节有开胃之效，同时也是增香去腻的重要辅料。有商家综合这两样功效，研发出来一款汤锅：酸菜脆皮蹄花。酸菜入锅，炒出香味，加入底汤熬出浓郁的酸香，加入炸得酥脆的猪蹄，小火炖煮至猪蹄软糯，成为皮脆内糯的可口美食。

古蔺与贵州、重庆接壤，饮食风尚属于川渝黔的融合，因此，除了古蔺独创的麻辣鸡蘸水外，普遍食用贵州的煳辣椒水碟。煳辣椒水碟简单质朴，将炕得焦脆煳香的红辣椒用手揉碎，食用时放入碗碟，加上茶水或原汤，撒上盐与味精即可。沾上煳辣椒蘸水的脆皮蹄花入口的瞬间，你便会迷上这酸香煳辣的地方风味。

石宝红汤马羊：现炒的羊肉火锅

从古蔺出发，沿一条小公路往仁怀方向，途中有一个小镇叫石宝，初看并无特别之处，但细看会发现，不少店招有一个共同的名字：马羊。马羊是石宝镇的地方品种，肉质细嫩、腥膻味少，是古蔺当地人特别喜爱的美食。

石宝红汤马羊最大的特点是单炒。所谓单炒，是客人来了，根据客人的人数或上大份，或称重量，然后下锅炒制。这种红汤羊肉，你可以理解成现炒的羊肉火锅，端上桌，有加热的灶具：煤气灶、卡式炉或电磁炉，夹食细嫩化渣的羊肉后，还可以涮烫时令蔬菜。

要把这一锅红汤羊肉做得让大家喜欢，从食材到工艺都有讲究。一大早，商家便早早开门炖煮羊肉。大锅猛火，羊汤翻腾，蒸汽飘舞，浓郁的羊肉香味四处弥散。数小时之后，商家开始给这些大块的羊肉作分割工作，一块块熟香的羊肉整齐地摆在大盘上。上客时，客人点好餐，商家便从盘上拿出羊肉，切成大片，下锅炒制。记忆最深刻的是 2022 年 8 月，彼时还有古蔺所产的新鲜红花椒，那种带着清香的麻香为红汤羊肉增色不少，到了冬天再去时，新鲜的红花椒已经下市，取而代之的是大红袍花椒了。

文、图／刘乾坤、张先文

特色小吃中的四朵金花

Hejiang

合江

合江县隶属四川盆地南部的泸州市，地处川渝黔的结合部，位于长江、赤水河、习水河三江的交汇处，也是长江出入四川的第一县。山清水秀的合江县不仅有佛宝景区、福宝古镇、尧坝古镇、法王寺等风景名胜，还有明代城垣、南宋神臂城、崖墓等遗址古迹。

当地盛产黑山羊，因此有许多羊肉菜肴，包括烤全羊、鱼羊酥、带皮羊肉汤、羊肉包子等，还有佛荫鸡汤、合江豆花、福宝豆腐干、麦粑、笋子宴等特色美食。合江出产的荔枝和真龙柚是当地的名优特产。另外，合江县还保留传承了被誉为"中国酱油传统酿造活化石"的先市酱油。

每一座城市都有不少独特的小吃，位于三江汇合处的川南休闲小城合江县也不例外。豆花、豆干、麦粑和鸡汤可谓合江特色小吃中的"四朵金花"。

吃豆花 喝早酒

豆花饭，不少地方都有，只是这合江一到清早，便是满城豆花香。

合江本地黄豆

过滤豆浆

点卤水

舀豆花

合江豆花蘸水

不到六点光景，勤劳的老板就打开铺面，一块块门板依次搬下来，炉火升起来，磨好的豆浆在锅里开始沸腾，大勺不断地搅动，让豆浆不粘锅。这时，老板会熄掉炉火，让锅中的温度慢慢降下来，约莫到了80℃左右，老板用锅铲舀起一瓢胆水加入其中，锅中的水慢慢变清，这时，要用筲箕在锅边轻轻摁压，让豆花从锅边开始凝结，最后把筲箕轻轻放在铁锅中，以其重力促使锅中心的豆浆慢慢凝结。五分钟以后，这一锅豆花就可以吃了。

一大锅豆花刚刚成型，早起的中老年人就开始陆续就座了。合江早豆花的蘸水是各取所需，调料很丰富，有蒜粒、糍粑辣椒、大头菜粒、红油、香油、木姜子油、葱花等，少则十来样，多的有二十几样。老顾客到了店里，先喊数，接着就打蘸水，蘸水打好，滚烫的豆花已经上桌，轻轻夹一块嫩滑的豆花，在蘸水里滚一圈，入口时，香、嫩、辣、鲜的感觉在口腔中转换，让人身心舒畅。吃完豆花饭，再喝上一碗微烫的豆花窖水，爽！彼时5元一位，豆花与饭管够，现在物价涨了一些，10元一位，豆花与饭同样管够，惠而不费，成为一代代合江人最爱的早餐。

合江豆花蘸水中最有特点的是糍粑辣椒。糍粑辣椒是用火烤或用锅煽炒的方法加工新鲜的二荆条辣椒，外皮略煳时放入碓窝中，加盐和水，用木杵舂茸。蒜却不用舂成蒜泥，而是切成蒜粒。合江豆花在蘸碟的味型上形成了独特的风格——不同于富顺豆花用的辣酱，也不同于蒲江的鲜椒碟。

最让合江人津津乐道的是腊猪油拌的碟子。腊猪油是过去储存食物的一种方法：没有冰箱的年代，乡下在腊月杀年猪，制作腊肉、香肠，把猪板油切成条块，用盐腌一会儿，再放进坛子储存。切蒜粒，把焙好的辣椒春成辣椒面，撒上葱花，混合放在碗里。从坛子里拿出腌过的猪板油（有的地方也叫边油），放入锅中爆出油，当热油淋在碗里的佐料上时，香味弥散。

在漫长的中国饮食历史上，豆制品一直是普通人家获取蛋白质的重要来源。豆制品中的豆腐、豆花，就是普通百姓口中的珍肴。

2010年一天早上七点半左右，我们到了合江北门口的竹器一条街吃早豆花。时任合江县画像石棺博物馆馆长的贾雨田和文物工作者诸能清老师还未坐下就开始点菜。经常在外行走，有一种感受：城市越小，人情越浓；城市越大，热情越淡。两位老师很热情，总想把当地最好的食物一一端上桌子：五碗豆花，外加滑肉汤、烧白、粉蒸排骨……这些可是宴席上的"硬菜"，在合江的早餐桌上就出现了。

店老板一边舀豆花，一边从蒸笼中端蒸菜，我正在观察蒸笼中的菜品，诸老师洪亮的声音把我从美味的"湖"中捞了出来："老师，来喝一杯。"

这么早就开始喝酒？当时也没有多问，只是惦记着汉墓的发掘怎样拍摄，也就与诸老师你来我往碰杯喝了二两高粱酒，这是我平生第一次早上喝白酒，记忆非常深刻：有豆花的鲜香，有高粱酒的辣香，有咸烧白的脂香，早上特别敏感的味蕾被刺激得无所适从。三杯两盏入喉，身体渐渐发热，浑身也有些酥软，感觉今天又是幸福的一天。

合江为什么会喝早酒？2019年又到合江采访宋代石刻，特别向诸老师请教合江吃豆花饭喝早酒的事。诸老师说，历史上合江是重要的码头，来往的客商多，都要赶早出发，商务洽谈都在凌晨时候，边吃边谈，顺便喝一杯加深感情。

川渝黔结合部的合江县，东与重庆市江津区接壤，南与贵州赤水市和习水县相邻。历史上，川盐是重要的外销物资，产于自贡的优质井盐经沱江到达泸州江阳区集散，进入长江航道，到达合江又会有三条水路：一条是顺长江而下到重庆、武汉，一条是沿习水河到习水县，另一条是溯赤水河到达茅台镇。在合江县境内，还留存有不少码头遗址，绵延的古道又从河边伸向山峦起伏的区域。上千年的水陆要道，舟楫如云，商贾往来，成就了合江的商业繁华。

正是这样的地理优势，才催生了早酒的习俗。当年合江码头上，山货、盐、酒等物资交易量大，船帮、马帮和盐帮在此交易，采买运输等事项多在早上处理。双方在吃早餐的时候，以豆花饭为由头，喝上两杯，一为请客答谢，二是交流感情，三是酒足饭饱后，可以行船走货了。

今天，在合江的清晨，仍能见到不少食客，长年到一两家固定的小店吃豆花，这样的历史在他们身上有很多年了。吃豆花是合江人乐此不疲的事情：一来饱了口腹，从小吃惯的食物已经成为一种文化，根植于每个合江人的内心深处；二来可以偶遇旧交；三来高兴时还可以喝二两。

吃豆花饭，来二两，是合江这座城市的情感桥梁。

福宝豆腐干

每一块合江福宝豆腐干都要经过千烤万烘才能出炉，其制作工艺源于盐马古道马帮的"炭烤豆腐"。据传，在唐宋时期，福宝镇开通了川盐入黔的盐道，若是马帮要从福宝把川盐运送到贵州地界，就必须走过两百多里的森林山道，这当中没有任何驿站可投靠。于是，马帮便在福宝镇用餐后剩余的豆花倒进筲箕内滤净窖水，并做成豆腐，等到把豆腐切块并撒盐后，再放进锅里焙干成块，俗称"二面黄"，以作路途中的

福宝豆腐干

菜肴。天寒地冻时，豆腐块冷硬难咽，于是他们便在路边生火取暖，并将豆腐块放到炭火上烤热食用，这便是福宝豆腐干制作技艺的雏形。后来，随着豆腐干制作技艺的不断完善和发展，最终形成了福宝豆腐干"色泽酱黄，清香馥郁，绵软细嫩，味道鲜美"的独特风味。

制作福宝豆腐干，首先需要满足三个条件——晚熟的大豆、优质的水源和上等的木炭。晚熟的大豆是指福宝山区出产的成熟期长、颗粒饱满、色呈天蓝的青香豆，它区别于大豆里的黄豆和黑豆，能够制作出绵扎清香的豆腐干。优质的水源是指从楠竹和树林里浸出的楠木水。上等的木炭是指火势旺、耐燃烧、无烟味的青杠木炭或其他硬杂木炭。

等到上述原料准备就绪以后，就可以制作豆腐干了。制作福宝豆腐干要经过泡豆、磨浆、煮浆、滤浆、点豆花、压豆、撒花椒、加盐添香、烘烤等多道复杂的程序。豆子用楠木水浸泡 3 小时，至豆粒吸水均匀且颗粒泡涨时，即可磨浆。煮浆时要遵循三个原则，即保持大火，不得闪火；保持原浆，不得添水；泡沫需在浆沸时搅动后自然散去，不得加水稀释以冲散或使用豆制品消泡剂。滤浆后点卤时，须用长柄汤勺舀上适量的卤水插入浆桶的底部，并慢慢旋转汤勺搅匀浆液，如此反复多次，等到豆花逐渐凝固并出现清澈的窖水时，即可停止加卤和搅动。

滤豆花、撒花椒和加盐添香是制作福宝豆腐干的特色工艺。先把豆花舀入垫有纱布的长方形木制模具里，让窖水自然滴漏，等到豆花凝固后，趁热撒匀花椒，尽量让每一块豆腐干上都附着一两颗花椒，从而保证豆腐干带有花椒的清香和麻味。加盐添香是把豆花压成豆腐后，再用盐、酱油和香料液对匀的汁水刷匀，香料液是用八角、山奈等香料加水熬制而成，等到豆腐表面上色均匀且稍干时，就用刀把豆腐切成约 10 厘米长宽、0.3 厘米厚的片。

烘烤豆腐是制作福宝豆腐干的关键技艺。先把炭火放在垫有冷灰的烤铁锅里，形成有火无烟的状态，再往烤锅沿上架起一张竹制的烤架，并把豆腐片一张张平铺于烤架上，边烘烤边翻动，等到烤架发烫且豆腐片泛黄时，才把烤架连豆腐片一起离火冷却，然后又把烤架放回烤锅上，并翻动豆腐片继续烘烤。如此反复多次，当炭火由旺火转中火再转微火时，豆腐片的色泽也跟着由泛黄到黄再到酱黄，这时咸味、香味和麻味就全都渗透到豆腐干里了。最后把烘烤好的豆腐干从烤架上取下来，放在簸箕里摊晾，即可。

香又甜的麦粑

如今，人们都在努力追求健康营养的生活方式，体现在吃的方面就是尽量回归自然、以粗粮为主。比如全麦面粉要比精粉的营养更加丰富均衡，只不过用它做成各种成品后的口感和颜色要差些。合江县的"张黄记"顺应时代潮流，推出了用石磨全麦面制作的麦粑，其中加有传统的红糖去辅助发酵和增味，再用新鲜的良姜叶包裹，最后蒸出来的麦粑既有小麦的天然麦香味，又有良姜叶特殊的清香，还带有回甜。此外，用麦粑面团包制出来的羊肉包子，同样让人回味无穷。

清澈鲜香的佛荫鸡汤

泸州市江阳区弥陀镇白马场的白马鸡汤与合江县佛荫镇的佛荫鸡汤都很有名气。两地的鸡汤有些渊源，均处于泸州到合江的老公路沿线上，它们之间既相互融合又彼此竞争。开在合江佛荫镇上的"周师傅鸡汤"在当地小有名气，该店的鸡汤是把当地的跑山乌鸡文火慢炖，成菜汤汁清澈、味鲜肉香。特别是用鸡汤煮的面条，更是让人回味悠长。

佛荫鸡汤必须选用当地出产的跑山乌鸡，而且还要求是喂养了一年半左右的公鸡。因为这种鸡的肉质不老不嫩，炖出来的鸡汤味道鲜美，鸡肉化渣有嚼劲，鸡皮还软糯爽口。制作佛荫鸡汤的方法并不复杂，先把乌鸡宰杀洗净并斩成大块，投入加有姜块、花椒和料酒的沸水锅里汆去血水后，捞出来冲洗干净，然后放入掺有清水的大铁锅里，下入姜块和装有花椒的纱布袋，用大火烧沸后撇净浮沫，转文火并保持汤面微沸，炖至鸡肉离骨且汤汁鲜香时，调入适量的盐稍炖片刻，出锅舀入大汤碗内，撒些香葱花，即成。

炖制佛荫鸡汤看似简单，其实也有些诀窍。鸡块一定要汆透并洗去表面的血污，这样才不会影响鸡汤的质量。炖鸡汤时老姜和花椒都加得比较多，姜主要是为了去腥除异，而花椒除了去腥除异，还可增添麻味和香味。汤汁一定要打去浮沫，这是汤汁清澈的关键。其中，用文火炖制也是为了保证最后出来的汤汁清澈，因为大火冲制会使汤汁浑浊。盐要等到把鸡汤炖好以后才加进去，这样不会妨碍鲜香味的渗出。最后撒葱花，利用热汤激发其香味。

食用佛荫鸡汤有些讲究，要配上一盆用清水煮的新鲜蔬菜、一碟洗澡泡菜和一碟焖辣椒面。先喝一碗鸡汤，再搛起鸡肉蘸焖辣椒面食用，最后吃些蔬菜。若是要吃鸡汤面，就把细面条放沸水锅里煮好以后，挑进碗里并掺入鸡汤，撒葱花便好。另外，周师傅鸡汤馆里的小煎鸡面也相当不错，它是把乌鸡腿肉切成粒，用盐、料酒、姜葱汁和水淀粉码味上浆，再下入热油锅里炒至散籽，加入姜片、蒜片和葱节爆香，再放入青红椒节炒出味，调入盐、味精、鸡精、白糖和辣鲜露炒匀，成面臊子，然后出锅浇盖于煮好的面条上，拌匀即可食用。

佛荫鸡汤面

蒸麦粑

制法：1.把小麦逐步添加到电动石磨里磨成细粉。另把红糖用刀切碎，待用。

2.取全麦面纳盆，放入红糖碎拌匀，掺适量的清水并加适量老酵面，反复揉搓均匀，至面光、手光、盆光且面团里无粗颗粒时，倒在案板上，撒些面粉并继续揉搓至面团有筋力时，盖上湿纱布发酵4小时。

3.把发酵好的面团稍揉搓后摊开，待均匀地撒上食用碱并扎成正碱后，反复折叠揉搓均匀，把面团搓成长条，用面刀切成节，然后包裹上洗净的良姜叶段，放入竹笼里用旺火蒸8分钟，即成。

关键：1.小麦要尽量磨细，一些粗颗粒可反复打磨至细，这样有利于后续发酵。

2.掌握好全麦面、红糖、清水和老酵面之间的比例。红糖以面团有回甜为度，不可多加。老酵面在冬季可多加，夏季要少加。清水能调节面团的软硬度，不可过多或过少。另外，面团的发酵时间要根据气温和老酵面的用量灵活掌握，气温高，发酵时间就短，老酵面用得多，发酵时间也短，反之亦然。

3.食用碱不但用量要准确，而且还要在面团里揉匀。因全麦面的色泽较深，再加上红糖呈棕褐色，故在判断面团是否正碱时，只能用鼻闻和手摸的方式。当把面团切开后，闻起来既无酸味也无碱味即为正碱，而用手指按压面团时，凹陷处不易复原即为缺碱，迅速弹起复原即为伤碱。

富顺
Fushun

文/竹子　图/李翠华

一碗豆花
慰平生

　　巴蜀人离不得豆花，豆花确实要以富顺为代表。小小一个县城，近百家豆花馆子，喧喧嚷嚷地坐满男女老少，一日三餐，陆陆续续都有人在吃。富顺豆花的起源与富顺盐业的兴盛有密切关系。富顺被称为西蜀盐源，早在隋代就是重要的井盐产区，这里有一口出盐量极大的富世盐井，虽然现在不再出盐，只剩遗址，但所属自贡市的燊海井仍采用土法制盐。

　　说起燊海井，阵仗有点大。几百根圆杉木连接的 18 米天车，竖在这口 1000 米深的井边，天车连接一根长 11 米的铁筒，铁筒底部设有活塞，利用水压开关闭合。铁筒深入井中汲取卤水后升起，用铁钩钩开活塞，卤水倾入桶中，再由工人挑到灶房，倒入盐锅。卤水在锅中经过几个小时的熬煮，蒸发冷却后析出结晶，便形成富顺人点豆花所用的盐卤。

　　盐卤点出来的豆花不带涩味，且有韧劲，与用石膏点的豆花口感有天壤之别。富顺人喜欢在点豆花的锅底下垫一根圆形的楠竹片，煮制过程中抓住篾片两头梭一梭，窖水通底，豆花不会生锅，文火煨起

富顺豆花及木姜菜蘸水

也烧不烂，乃民间大智慧。

蘸水里的豆油也讲究。豆油装在瓦缸里，放一个装了丁香、胡椒、花椒、甘草、肉桂等十几种香料的纱布包，浸上五六天，把豆油倒进锅里，另加香料粉熬制。这样的豆油加上盐、葱花、糍粑海椒、熟菜籽油，还有木姜菜末，才有资格称之为富顺豆花的蘸水。

木姜菜特别小众，在四川地界恐怕也只有富顺人和泸州人吃得多些。木姜菜，我们川南更多是叫鱼香菜，学名叫留兰香。木姜菜好养活，家家户户都习惯在阳台栽一小盆。叶子发得快，即吃即掐，切碎了加在豆花蘸水里面，算给龙点上了眼睛。过了季，叶子发不出时，可以用木姜子油代替。

木姜子是木本植物，和草本的木香菜是完全不同的两种东西，但它们所含的芳香物应该有些雷同。取木姜的种子榨油，用和花椒榨油类似的方法，味道非常浓郁，豆花馆里都是插根筷子在油瓶里，食客提出筷子往蘸水里滴上两滴就够味了。富顺豆花的蘸水是事先打好的，一小碟一小碟摆好，堆山砌海。

新南街的木姜烤鱼开了十余年。一斤二三两的鲤鱼，对剖开来在炭火上明烤，再佐以麻辣配料焖到锅里，混着豆花一起烧，上桌前撒上大把的木姜菜，叶片大大小小，并不在乎规则好看。雪白的豆花一坨坨散在烤鱼四周，半浸在猩红汤汁中。随着汤汁咕嘟嘟地翻涨，滚烫的辣气挟裹着木姜菜独特的香味直蹿上来，是近乎粗鲁的征服欲。木姜菜无论搭配豆花还是烤鱼，都是天作之合。烤鱼和豆花两位搭台唱戏，平分秋色。

兴隆街的文姐荤豆花开得更久。1998 年我读高中，那时是二元一客，锅里素菜居多，正吃长饭（四川方言，意为孩子生长发育期饭量大），要额外再点两三盘酥肉、圆子或虾饺之类的荤菜，最后吃下来也不过十一二元。尤记得番茄豆芽骨头汤底的阵阵鲜香，我和同学在寒冬腊月冷得打摆子，两个人愣是不眨眼地盯着黑豆花和黄金酥肉在里面微微颤动。锅开了，肉也熟了，迫不及待捞一块蘸了佐料塞到口中，我囫囵吞下去，烫心口，对方咿呜着，烫嘴巴，两个人呼哧呼哧，好半天才缓过劲来。

伍复街还有卖豆花面的。豆花摊伏在面条上，轻轻挑两筷子，那块豆花就像塌陷的雪滑入汤料之中。浇头是脆臊搭配香菇丁、大头菜和酥黄豆，还有一把木香菜，搅拌在面里呼噜呼噜地吃，吃完再用勺子扫干净余下的杂酱，余味悠长。

还有专门卖冷酒甜豆花的小馆。豆子挑得极好。收回来的新鲜青黄豆，一颗颗徒手选，坏豆瘪豆通通不要，剩下圆润健康的，小火窸窸窣窣慢慢炸酥了，嚼起来脆嘣嘣，可"声动十里人"。豆花是拿石膏混合盐卤的秘法来点，红糖汁浇面上，一层薄而不淡的焦糖色，甜而不腻。

南方雾气湿衣裳，一碗豆花慰平生。

文、图／九吃

沿滩

Yantan

劲爆的川菜独行侠

一个地方的餐饮是否繁荣，跟当地经济的富裕程度相关。川南的自贡过去因产井盐而闻名，穿城而过的釜溪河把盐运往外地，给自贡带来大量财富。盐业贸易也造就了一帮富商，他们对吃格外讲究，加上自贡特殊的物产和气候，进而形成了自成一格的川菜风味。

自贡一带的厨师做菜如一剑封喉的游侠，喜用鲜椒和鲜子姜，成菜鲜辣刺激，往往凭一招半式、一料一菜便能独当一面。这些年自贡菜广泛流行，同时也给人们造成了些许误解，那就是辣！显然，这并非事实。而自贡厨师身怀哪些绝招，擅长料理哪些食材，一般食客又知之甚少。

这些年，我们多次前往自贡采风，一家家吃下来，发现自贡菜并非只是咸和辣，它和川菜滋味多变的特点是一致的。我们还了解到一些隐藏在其背后的技术秘密，简单总结，就是自贡厨师长于小煎小炒，尤其善烹蛙、兔、鱼、牛肉等原料。小煎菜、火爆菜和锅巴菜，可谓自贡菜的"三大绝招"。

锅巴菜排在小煎菜、火爆菜之后，是自贡餐馆里的第三类明星菜，常见菜有锅巴鲫鱼、锅巴泥鳅等。

锅巴鲫鱼和传统川菜锅巴肉片的做法完全不同，菜里并没有加锅巴。自贡人说的"锅巴"并非指辅料，而是指一种特别的做法。

川人烹鱼，常用两种方法，其一是直接软烧，即把加工处理好的鱼直接放入炒好料的锅里烧制，成菜鱼肉细嫩；其二是先煎至表面硬脆，再回锅烧制，成菜鱼肉酥软入味。鲫鱼、泥鳅、黄鳝等在锅里小火煎熟后，表面色泽金黄，会起一层细泡，看着就如同炸后膨胀变大的锅巴，因此自贡人称这类菜为锅巴系列菜。用这种烹法制作出的菜肴，菜名并不是都叫"锅巴××"。自贡有名的葱葱鲫鱼有"软烧"和"锅巴"两种做法，因起锅前或装盘后，需要加大量的香葱花（或香葱节）而得名。

每家馆子的锅巴鲫鱼做法都差不多，味道却因调辅料的种类和数量不同而稍有差异，但酸菜、小米辣、香葱这三样是少不了的。

整个操作过程并不复杂：选用每条重约 200 克的鲫鱼（过小的刺多肉少，过大的又不易入味），宰杀洗净后，下高油温锅里煎至两面起"锅巴"待用。锅里放化猪油和熟菜油烧热，下姜米、蒜米、泡姜米、小米辣碎和酸菜碎炒香，掺适量水烧开，放入煎炸好的鲫鱼和青红尖椒节稍焖片刻，加盐、味精、胡椒粉调好底味，烹少许醋，略勾薄芡，临起锅时淋香油、撒香葱节即成。成菜鲜辣微酸，鲫鱼外酥软、内细嫩。

鱼身表面的锅巴，过去都是小火慢煎出来，费工费时，于是有人"偷懒"直接下高油温锅里炸至金黄，成菜效果略逊。不过，泥鳅、黄鳝之类体积小的原料，直接下锅炸的效果会更佳。

自贡沿滩区仙市古镇的大小馆子必不可少的一道菜是"锅巴泥鳅"。泥鳅都是现点现杀，然后下高油温锅里炸至表面酥硬起锅巴。另锅放熟菜油和化猪油烧热，下蒜米、泡姜米、泡椒碎和酸菜碎炒香，掺汤烧开后，再下泥鳅、青红椒节，烧至泥鳅表面回软，加味精、鸡精、胡椒粉调味，起锅装盘后撒香葱节和香菜点缀即可。

自贡"建设鲜活馆"的大蒜鳝鱼，也是按"锅巴"之法烹制的。宰杀洗净的鳝鱼先放油锅里炸至表面酥硬起锅巴，再回锅和独蒜、子姜丝、小米辣碎、鲜青红椒节等同烧，起锅装盘后撒大量的藿香丝，成菜鲜辣刺激，异香扑鼻。

锅巴鲫鱼

153

文、图／九吃

Daan

大安

盐帮菜不止是咸与辣

　　自贡菜咸度的确比很多地方的菜要高一些，这是因为当地菜普遍偏辣，而辣度高的菜往往咸度要高一点。川菜不也被人诟病重盐重辣重油吗？这是个事实，但勿以偏概全。

　　四川人好辛辣，是因为地理和气候的原因，人们需要吃辣来祛湿除寒。自贡位于四川盆地的"盆底"（海拔低），夏天更是闷热难耐，令人食欲不振，因此当地人习惯吃辛辣的东西来发汗开胃，其中必不可少的就是辣椒和子姜这两样恩物。

　　难道自贡餐馆都如此辣得人死去活来？显然不是。在大安的几家馆子，我们吃到了自贡不辣菜。

　　"长生面"是自贡有名的面馆，开了 20 多年，因创始人叫徐长生而得名，他家的招牌面就叫长生面，面的汤底是用党参、沙参、白果、山药等长时间慢炖出来，鲜香中微有药膳味，并无辣味。

　　"正荣酒家"有 30 年历史，开在自贡城外一个偏僻的山坡上。该店有两道招牌菜，其一是有 10 多年历史的葱葱鲫鱼，采用的是软烧法，以大量红小米辣和小香葱调味，成菜鲜辣刺激；其二是不辣的春卷。该春卷的做法与众不同，皮坯是用面粉和鸡蛋摊制成的，色泽淡黄，

春卷

比普通春卷皮更宽大厚实，馅心用的是韭菜猪肉，味道清香咸鲜。

　　"大安烧牛肉"是自贡的老字号餐馆，因为参加过《舌尖上的中国》的拍摄而声名远扬。该店的萝卜烧牛肉和笋子烧牛肉都是传统烧法，带筋牛肉斩成块，冷水下锅汆去血沫。另锅放菜油烧热，下豆瓣、辣椒面、姜葱、干辣椒、香料等，炒香后掺水，放入牛肉块，大火烧开，再转小火煨至软糯，最后下辅料烧熟便好。成菜微辣，味道醇厚，能吃到牛肉本身的鲜味，并非以辣吸引人。

　　大安烧牛肉还有很多菜都不是猛加小米辣，这似乎也印证了前面的说法：传统自贡菜并非以辣为卖点。该店的葱香兔和酸菜碎米兔，就是典型代表，它们和现在流行的鲜锅兔做法完全不同。葱香兔是取净兔肉切成小丁，加盐、料酒、姜葱水腌味后，沥去水，再裹上脆皮糊，入油锅炸至表面酥脆且内熟，然后回锅加少许椒盐和少许干辣椒面炒匀，装盘后撒葱花和芝麻。酸菜碎米兔也是将净兔肉切成小丁后，加盐、料酒、姜葱水和湿淀粉拌匀腌味，入热油锅滑熟后待用。锅里放少许底油，下酸菜碎、泡子姜丁、泡笋丁等炒香后，下兔丁和青红椒圈炒匀便好。成菜酸香脆嫩，一点不辣，下饭堪称一绝。

文、图/九吃

探秘新店
七星椒

威远

Weiyuan

　　我国自古就产花椒，引入辣椒的历史是在明代，而四川地区大量种植辣椒则是伴随着明末清初的移民浪潮开始的。川菜以麻辣著称，如果缺少了优质的花椒与辣椒，不少特色川菜肯定会黯然失色。虽说巴蜀是我国辣椒的主产区之一，但是早年一说到辣椒，还是以成都双流牧马山一带的二荆条辣椒和威远新店的七星椒最为知名。

　　二荆条辣椒辣味适度，鲜香不燥，鲜品是制作郫县豆瓣的最好原料，干品在川菜中的运用亦广。七星椒则以辣味醇烈而闻名，它曾经被选为中国电视吉尼斯辣椒比赛专用椒。在内江、自贡一带流行的鲜辣风味菜，也正是因为有七星椒的辅佐而特点鲜明。因此，我们此次去威远采访寻味，第一个去的地方就是以种植七星椒而出名的新店镇。

　　新店位于威远南边，这个距县城约15公里的普通小镇，被称为"中国七星椒之乡"。"新店镇属川中浅丘地貌，丘陵温暖湿润气候区，年均降雨量在900毫米左右，年日照时数1120小时。"这些是我去之前查阅到的资料，也许，这就是适合七星椒生长的地理环境。可是，为什么只有新店镇不大的范围才出产最优质的七星椒呢？

七星椒

当天为我们带路的新店十字村村支书宋光明告诉我们："新店镇部分村组特有的紫色土，最适合七星椒生长，而同样的品种栽种在其他地方，品质就会差很多。这种紫色土就算是栽种其他品种的辣椒，品质也相当好。"

因为前一天才下过大雨，没有硬化的乡村公路一片泥泞。在穿过一块又一块玉米地和稻田后，我们来到了十字村六组。在艰难步行的路途上，我想象前方会是一望无垠的辣椒地，可到了地头一看，辣椒地却是一小块一小块的，被玉米地、花生地分割得七零八落。由于我们去的时间不合适，地里大部分辣椒没有红透，因此也看不到枝头一片火红的壮观场景。

村主任刘德生告诉我们，现在他们村里不只是种植七星椒，还引种了韩国、泰国等外来品种辣椒。他把我们带到了辣椒地里，然后详细地向我们介绍几种辣椒的区别。说实话，我们以前对七星椒知之甚少，只知道它属于簇生椒，因每一簇结有七只辣椒而得名。七星椒名称的由来，民间还有另一种说法——指其辣度可达七星级。

在田间地头，我们从刘德生那里了解到了更多有关七星椒的知识。原来，七星椒是朝天椒的一个分支，不过它们长成后大部分都不是椒尖朝天，与普通的朝天椒比较，七星椒的个头显得更细长，最为显著的差别在于椒把——七星椒椒把的长度是普通朝天椒的两倍以上。刘德生告诉我们，一般辣椒的植株最多长"两三台"（辣椒长到一定高度开花挂果，随后再往上生长，再开花挂果，一层即为一台），而七星椒则可以长到"四五台"，越往上长，所结辣椒的椒把就会变得越细。刘德生说，十字村的村民多数都在种植七星椒，他家种了二十几亩，每亩产量可达 1500 多公斤。

我们观察到，在栽种七星椒的地里，一般还套种有无花果和花生。村民采摘下来的七星椒，除了少部分在当地菜市卖以外，大都交给镇上的七星椒公司。这个由新店镇创办的公司，采取的是"公司＋农户"的模式，他们会对优质七星椒做深加工，再销往全国各地，甚至是出口到韩国、斯里兰卡、菲律宾、新加坡等国家。

为什么新店七星椒会如此受欢迎呢？刘德生告诉我们，与四川其他地方的辣椒相比，新店七星椒具有色泽鲜红、皮薄肉厚、辣味厚重、

七星椒黄腊丁

辣香兼具、辣不烧胃、回味微甜等特点。说完，他随手摘下两个辣椒让我们当场尝味。七星椒的椒尖处的确有些许回甜，再往下咬，辣味开始变得猛烈，顿觉头皮刺痛，继而眼中含泪。

除了栽种七星椒，子姜也是当地人大量栽种的作物，而这两者都是制作鲜辣风味菜肴不可或缺的辅料。一方水土养一方人，在内江、自贡一带民间，人们普遍嗜食鲜辣菜，不管是煸仔鸡、炒兔肉，还是煮美蛙、烹鲜鱼，都在大量地使用子姜和鲜椒。在一些大城市，这些年自贡盐帮菜正是凭借其鲜明的鲜辣风味菜所向披靡。以成都为例，如今打着"自贡风味"招牌的餐馆，可以说比比皆是。自贡距离威远新店不过20公里，因此，大量使用优质七星椒是情理之中的事，一些外地厨师烹制的子姜美蛙等自贡特色菜，总是感觉不如自贡厨师做出来的味道刺激醇厚，主因就在于他们没有选对七星椒。

威远人用七星椒来做菜相当普遍，小到调制蘸水，大到烹鸡煮鱼，无不得心应手。十字村的村民曹建之告诉我们，用七星椒调制蘸水很简单，把新鲜的七星椒剁碎，加盐稍渍后，再加点泡菜水和葱花，调匀就成了美味的蘸水。威远人在夏天也喜欢吃羊肉汤，原因之一就是七星椒也在这个季节采摘，用新鲜七星椒调制的蘸水，是蘸食羊肉的最佳搭档。威远县庆卫镇"品品人家"的老板兼主厨罗军制作的双味蘸水鸡，其中的一个蘸碟就是把鲜七星椒与大蒜一起舂碎，然后加盐、味精、鲜露、干青花椒面等调制而成，鲜辣微麻，颇有特色。

在威远城里，我们看到多数酒楼饭店的特色菜都少不了七星椒的身影，比如"雅盛餐厅"的子姜猪鼻筋、青港嫩鱼、红烧鱼云，"高升大酒楼"的瓦块鱼头，"三毛鱼庄"的七星椒黄腊丁、七星椒剔骨肉等菜，都是因为有七星椒的辅佐而彰显出诱人的风味和特色。

云阳

包面
羊杂汤锅
羊脚火锅

万州

豌杂面
臊子面

麻辣鱼
石宝蒸豆腐

忠县

麻辣鸡
碗碗羊肉
干洋芋块

丰都

石柱县

柴火洋芋饭
凉拌莼菜
小吃都巴
风萝卜汤

涪陵

涪陵榨菜

重庆市

武隆

三峡风味

长江浪食记

奉节
监子鸡

施恩

说到重庆的美食，好像离不开江湖菜、火锅、小面这三张名片。然而在当地民间，这三张名片似乎并不能完全代表重庆美食。民间美食无穷尽，区县美食也风流。这次我们去重庆探味，便把镜头聚焦在了区县美食上。

细数重庆区县的美食，称得上是地标性的就有不少，当地有研究美食的人士提出了重庆美食的"山河论"——几匹山、几条河、几只鸡、几条鱼⋯⋯从不同的路线看重庆美食，会看到不一样的风景。"沿长江线"一带包括涪陵、丰都、忠县、万州、云阳、奉节、巫山等周边区县，主要处于三峡库区，一方水土养一方人，这一线的美食与其他区域自然有别。

涪陵乌江赤壁 供图 / 视觉中国

奉节白帝城 供图 / 视觉中国

云阳街头 摄影 / 田道华

长江边上的奉节古城门 供图 / 视觉中国

文／刘早生　图／刘早生、熊焱

涅
陵
Fuling

国民小菜
是如何诞生的

走进重庆任何一家餐馆，都有榨菜肉丝这道菜。在街头巷尾那些卖稀饭馒头小面的早餐游摊，你叫一碗菜稀饭，老板少不了送上一碟咸香脆爽的榨菜。咬一口馒头，啜几口稀饭，夹几根榨菜，细细咀嚼一番，简单却又无比满足的一天就这样开始了。抑或是来一碗小面，吃到最后，汤里十几种作料，其他的都可以不管，唯独那颗颗分明的榨菜粒，让人舍不下，像孔乙己吃茴香豆一样，用筷子一颗一颗拈进嘴里……

青菜头的华丽转身

来到重庆后，我才知道平时吃的榨菜原来是当地一个叫涪陵的地方所产，它还是榨菜的发源地。"榨菜"这个词，最早出现在 1928 年

涪陵榨菜

编撰的《涪陵县志》里："青菜有包、有薹，盐腌，名五香榨菜，南人以侑茶。" 可知，"榨菜"二字原先是指青菜的加工制品，后面才成为一种茎用芥菜的专名。不过现在涪陵人沿袭了过去的叫法，把榨菜原料多称作青菜头，也有因形赋名，称之为包包菜、疙瘩菜的。

　　青菜头是十字花科芸薹属草本植物芥菜的一个变种。芥菜在我国种植历史悠久，春秋战国时期，《礼记·内则》写到"芥酱鱼脍"，"脍，春用葱，秋用芥"。这是以芥菜入肴的最早记载。汉代刘向所著的《说苑》中记载了当时普遍种植的"瓜、芥菜、葵、蓼、薤、葱"等蔬菜品种。东汉崔寔的《四民月令》记有中原地区"七月种芜菁及芥……四月收芜菁及芥"的农事活动。可知，同为十字花科芸薹属的芜菁、芥菜已开始出现分化。

北魏贾思勰《齐民要术》中"种蜀芥、芸薹取叶者，皆七月半种……种芥子及蜀芥、芸薹取子者，皆二三月好雨泽时种……五月熟而收子"的记载，说明公元 6 世纪上半叶在四川盆地的芥菜已由籽芥分化出叶芥。在成书于 1760 年、以记述四川农业生产为主的农书《三农纪》中，将青菜与芥并列，称青菜"叶大苗高"，随时采外叶为蔬，入春将抽薹时，全株留取，供加工用。此时的青菜还是以食叶为主。

作为芥菜的一个变种，茎瘤芥大约在 19 世纪才分化形成，因出现时间较晚，少见于文献。清道光二十五年（公元 1845 年）成书的《涪州志》载："又一种名包包菜，渍盐为菹，甚脆。"这是关于榨菜原料茎瘤芥最早的文献记载。所谓的菹（zū），就是用盐水浸渍而成的泡咸菜，说明在榨菜问世之前，涪陵人就有用包包菜制作泡菜的习惯和传统。

在涪陵，青菜头最早种植于清溪，后来慢慢扩散到长江两岸，这种芥菜变种地上茎部位异常发达，叶柄下生有七八个乳状突起物，表皮与叶子同为青绿色。涪陵位于乌江和长江交汇处，气候冷凉湿润，土质富含钙质，多为中性砂质壤土，构成了最适宜青菜头生长的地理气候环境。涪陵所产青菜头肉白而厚，质地嫩脆，白露前后播种，长成后可采外叶为蔬，入春将抽薹时，全株砍倒，供加工用。早期种植青菜头仅用于鲜食或做泡菜，直到一次偶然的机遇，青菜头才实现了成为榨菜的华丽转身。

清光绪二十四年（公元 1898 年），风调雨顺，涪陵城西洗墨溪地主邱寿安家的青菜头丰收，吃不完，叫来家里雇请的伙计邓炳成，让他用加工大头菜的方法把青菜头腌制起来。邓炳成把肉厚质嫩的青菜

头晾至半干后，加盐揉搓腌渍，然后放进制作豆腐的箱子，榨出菜头中的盐水和酸水，再装坛密封。因为在制作中经过压榨处理，故取名榨菜，最初只是供家庭食用。

后来邱寿安将榨菜带到弟弟在湖北宜昌经营的"荣生昌酱园"，一次在家宴请客户时上了碟榨菜。客户一尝顿觉鲜香脆嫩，十分可口，认为非其他腌菜所能及，便问其详，邱称是老家特产，后客户争相订购，邱获利颇厚。从此，榨菜生产遍及四川东南，产量逐年扩大，名声不胫而走，远销马来西亚、新加坡、菲律宾、日本等国。由于榨菜干湿合度，咸淡适口，鲜香脆嫩，荤素均搭，食用极便的特点，很快便登上了腌菜殿堂级宝座，与法国的酸黄瓜、德国的甜酸甘蓝并称为世界三大咸菜。

涪陵榨菜的奥秘

有一年，去涪陵乡下走访一家榨菜传统手工作坊，切丝、翻晾、淘洗、

167

涪陵榨菜的原料青菜头

压榨……古老院落里的楼层廊道，挂满了"风脱水"后的菜头串和原始的制作工具。用力压榨时呼喊的号子，让手工榨菜的久远记忆又重新活了过来。

几十个窄口宽肚的坛子，排列齐整，拌料、入坛，最后在坛口铺上一层干玉米苞叶进行封口，这是民间腌制榨菜的秘诀。若用塑料纸封口，发酵后的榨菜风味要逊色许多。发酵时间超过一百天方可开坛，一定不能早开，不然发酵时间不够，香气就出不来，榨菜也不香、不鲜、不脆。发酵时间越长，风味越好。主人介绍说，因为他们生产的榨菜品质上乘，一位日本商人提前就订好了货。

日本人向来爱吃榨菜。有日本人说，中国榨菜是喝酒者之友，饮酒稍过量时，吃上几片榨菜便顿觉满口鲜香。日本作家青木正儿在《中华腌菜谱》里写道："我最先尝到的，是北京叫作榨菜的东西，这似乎是四川的名物，乃是一种绿色的不规则形状的青菜，用盐腌的，正如名字所说，是经过压榨，咬上去很是松脆，掺着青椒末什么，有点儿辣，实在是俏皮的。"

竟然把榨菜说成是俏皮的东西，还真有那么点意思。据说，在东京著名的银座大酒楼的高级筵席中，有一道菜叫"涪陵锅巴"。为啥叫涪陵锅巴？菜端上桌才晓得是锅巴肉片，里面加了榨菜，这不是喧宾夺主吗？看来日本人还真是爱涪陵榨菜。

每到二三月份青菜头收获的季节，涪陵的田间、路边到处都是砍青菜头、肩挑背扛青菜头的人，村落院坝家家为制作青榨菜忙活。门前硕大的簸箕里堆满了洗净的青菜头，产量大的人家搭起木架，上面挂满一串串新收获的青菜头，这个场景极其壮观，让人震撼。

在暖暖而薄薄的春日阳光下，长江、乌江河谷清风徐徐吹来，促使青菜头自然脱水，菜头的组织细胞因此而变得更加紧致，又不失其固有的养分。这是涪陵榨菜至关重要的一道加工工序，也是涪陵榨菜鲜香脆嫩的奥秘所在。青菜头经风干，再淘洗、压榨，加海椒、花椒等调料拌匀、装坛等十几道工序之后，便是充满期待的漫长等待。待到开坛之时，经发酵后产生多种氨基酸和酯类物质，构成了一种独特的馥郁鲜香滋味。

"好看不过素打扮，好吃不过咸菜饭。"榨菜之于喜爱它的人，形色悦目而宜人，质地脆嫩而利齿，味鲜天然而可口，是脾胃不振、舌尖乏味之时的一碟下饭菜，是亲朋宴饮、酒稍过量之际的一碗醒酒提神汤，是旅行途中耳边响起的轻微嘎嘣嘎嘣声，是我们日常餐桌上至为寻常又可亲的国民小菜。

丰都
Fengdu

文／张先文、张孟全　图／张先文、田道华

不一样的『鬼城』美味

丰都县位于四川盆地东南边缘、长江的上游，地处三峡库区腹心地带，是一座依山面水的古城，东依石柱土家族自治县，南接重庆武隆区、彭水苗族土家族自治县，西靠重庆涪陵区，北邻忠县、垫江县。

丰都号称"鬼城"，是一座历史文化名城，以其丰富的鬼文化而闻名古今中外。从重庆顺长江而下，丰都鬼城隐匿在岸边山峦中，更添一份神秘。

麻得跳的麻辣鸡

丰都最具特色的地标美食，便是麻辣鸡了。其实，川渝两地的麻

丰都麻辣鸡

辣味型比较复杂，层次也很分明，既有麻味和辣味并重的，又有辣味和麻味比重不同的。由于辣椒和花椒的种类不少，所以麻辣的程度和轻重缓急都有细微的差别。丰都的麻辣鸡，让我们体验到一种另类的麻辣味，即花椒放得特别多，重点突出麻味。

川渝两地以麻辣味道拌制的鸡肴很多，比如有荥经棒棒鸡、乐山白宰鸡、乐山钵钵鸡、洪雅藤椒鸡、古蔺椒麻鸡、达州水八块等，数不胜数。以上各种各样的麻辣鸡肴，除了古蔺椒麻鸡的麻味相对重以外，其余的均是麻辣并重或辣味重于麻味。

在驱车前往丰都的路上，我们就用手机搜索当地哪家的麻辣鸡有特色，没想到这里卖麻辣鸡的店家那么多，其中以孙记和胡老太婆麻辣鸡开的店最多。我们一直误以为麻辣鸡是丰都餐馆里的特色菜，到了才知道，丰都麻辣鸡满大街都有售卖，一般是开在街边店铺或菜市里，并且大多只卖凉拌麻辣鸡一种熟食。

我们就近找到了“胡老太婆麻辣鸡”了解情况。据店里的工作人员介绍，制作丰都麻辣鸡要选用当地出产且重约 4 斤的土公鸡。先把活鸡宰杀洗净，再投入沸水锅浸煮至八分熟时，关火稍闷，捞出来沥水晾凉，然后连骨带肉斩成片状，纳盆淋上用盐、鸡汤卤水、味精、白糖、花椒面、香油和红油辣椒调匀的味汁，拌匀即可。成菜色泽红亮，鸡肉细嫩鲜香，麻味浓厚，回味略甜。

需要注意的是，麻辣鸡的花椒一定要选质量好、无苦味的，并且放得比较多，入口麻味明显，不适应的人会被麻得舌头和上下嘴皮直跳。鸡汤卤水是往煮鸡的汤汁里加各种香料熬制而成，能增加拌鸡的香味。此外，鸡肉需煮熟不煮烂、不破皮，这就要求煮制和浸泡相结合，浸泡既是后熟阶段，又是保水过程，让鸡肉保存充足的水分，达到细嫩的口感效果。

店员给我们拌鸡时，我发现一个盘子里装有熟鸡心、熟鸡郡肝（鸡胗）、熟鸡脚等，不知有何用处。店员说这些“零碎”是作为“添头”使用，在不够秤或不好找零的情况下添加进去补足分量。而在斩鸡时，我还发现一个细节，那就是鸡肉成片后，店员还会用刀轻轻地拍一下。店员告诉我们这样“松肉”后，鸡肉在拌时更容易入味。

厂天碗碗羊肉

如果说丰都麻辣鸡能把人麻得跳，那么厂天碗碗羊肉的麻味则显得很醇和。厂天其实指的是厂天乡，现更名为南天湖镇，除了有地处高山之巅、风景秀丽的南天湖外，还毗邻武隆的仙女山。这里的山羊肥美肉嫩，依托羊肉资源烹制出来的碗碗羊肉也名声在外。

紧挨胡老太婆麻辣鸡不远处就有一家经营厂天碗碗羊肉的小店。据店老板介绍，碗碗羊肉在丰都一年四季都有售卖，用大碗盛装，以麻辣味居多。该店经营的品种也不复杂，以碗碗羊肉、碗碗羊杂、碗碗羊血、碗碗豆花等为主，随配一些家常凉菜和炒菜。就拿碗碗羊肉来说，它是把羊肉切成块，再放入热油锅爆香，加姜片、蒜瓣、花椒、香料和豆瓣炒香出色，掺清水烧沸，放料酒，然后转小火煮至软烂时，调入盐、味精、鸡精、白糖和胡椒粉，用微火保温即可。其余如碗碗羊杂、碗碗羊肺等均如法操作，并保温待用。出菜时直接连汤带主料舀入大碗，撒些花椒面和香菜，淋些红油，即可上桌。

至于碗碗羊血和碗碗豆花，则是把羊血和豆花分别放入沸水锅烫熟透后，直接装碗并撒上花椒面，浇上滚烫的烧羊肉红汤，最后撒上香菜就可以了。碗碗羊肉的味道是家常麻辣味，麻辣味不浓烈，羊肉鲜香，口感软烂，味道醇厚。

需要注意的是，制作碗碗羊肉时炒制红汤料很重要，花椒放得重，除了体现麻味外，还能除去羊肉的腥膻味，而白糖起到调和诸味的作用，让麻辣味更醇厚。其次，香料的使用也很重要，除了八角、桂皮、砂仁、香叶以外，鲜山奈是必不可少的。它能去腥除异，增加香味。我们惊奇地发现，在该店门外的大盆内，就栽种有鲜山奈。

经营碗碗羊肉，多是把羊肉、羊杂、羊排等预先烧制一大锅出来并保温，这样做出来的菜肴家常味浓厚，出菜速度又快，还节约人工。

川砂仁、干洋芋块

川砂仁和干洋芋块

吃完碗碗羊肉后，时间尚早，我们一行人便去丰都的菜市场考察原料，其中有两种原料让人印象深刻——川砂仁和干洋芋块。

在一香料摊，以前做过厨师的摊主介绍，川砂仁本地有出产，它是麻辣鸡和碗碗羊肉里必放的一种香料，味芳香，能增加鸡肉和羊肉的香味。

干洋芋块则是洋芋的干制品，一般与腊猪蹄、腊肉等同炖，但其处理方式比较特别。先把干洋芋块放入低油温锅里慢慢浸炸至发泡状，再捞出来用温水浸泡发涨，才下锅炖制，成菜后洋芋粉糯鲜香，炖出来的汤汁浓白鲜美，尤其好喝，具有一股特殊的风味。

文／张先文、张孟全　图／张先文、田道华

石柱

Shizhu

土家饭菜飘香

石柱土家族自治县地处长江上游，东接湖北省利川市，南连重庆彭水县，西南临丰都县，北邻万州区。石柱县物产丰富，有"中国辣椒之乡""全国最大的莼菜生产基地"之誉，产自此地的纯天然的都巴粉、豆腐干、绿豆面等特色产品，透出浓郁的乡土气息。此外，土家族的柴火洋芋饭也让人津津乐道。

石柱特色食材

在接连走访了三家菜市场后，我们对石柱县的特色原料有了一定的了解。要说石柱县的食材，首屈一指的是当地辣椒——有朝天椒、尖辣椒等众多品种，全县有四分之三的乡镇种植辣椒、三分之二的农户吃着"辣椒饭"。

石柱辣椒的品质比较好，硬度高，籽粒少，果实皮薄肉厚，颜色鲜艳光泽好，辣味重且香味浓，油分含量高。我们在市场上见到的一般都是干辣椒，分为晒干和炕干（或烘干）两种，晒干的辣椒颜色鲜红，炕干的颜色稍暗。当然也有加香料炒香后舂碎的糊辣椒面。

莼菜为珍贵的野生水生蔬菜，素有"水中人参""植物锌王"的美誉。石柱县的莼菜品质较佳。莼菜一般以嫩茎和嫩叶食用，煮汤、凉拌均可，味道滑嫩清香。新鲜的石柱莼菜为绿色，出产于每年的五六月份，把莼菜氽煮透后，可加适量食用醋保存较长时间，但颜色会变为暗黄色。

都巴粉，即蕨根粉，是从野生蕨根里提取的淀粉，被称为"黑色食品"，在石柱菜市较常见。提取都巴粉最原始的方法，是把采挖回来的蕨根洗净刮皮并切成小段，用箩装满封严后，放在流动的溪水里浸泡 2 天，漂除异味，再用木棰捶碎或用石臼捣烂，装入布袋并放入清水缸里揉搓出淀粉，然后把粉浆用纱布过滤，反复自然沉淀即好。现在是把浸泡过的根茎放入碎浆机里，边搅碎边加水，再稀释搅匀并过滤两次，然后把粉浆放水缸里自然沉淀，滗去清水，最后取出来晒干或烘干，即为都巴粉。

都巴粉可用少量温开水稀释后，再用沸水冲泡速食，还可加入白糖、蜂蜜，或制成果冻，或掺拌面粉制成其他食品。但土家族人食用都巴粉，一般不采用速食的方法，而是先用温水将其调和成面团，切成片，放沸水锅煮熟后捞出，再拌腊肉、炒腊肉，或加白糖、芝麻花生末炒成香甜的都巴块。

石柱的绿豆面也非常有名。它的制作过程是把绿豆磨碎后，放清水盆浸泡一天，滗水并拣去豆皮，再与泡好的大米、切碎的绿叶菜拌匀，加适量清水磨成浆，然后加入淀粉调匀；平底锅上火烧热，

石柱莼菜

抹些菜油，舀一勺绿豆浆摊平，待面皮八分熟后，翻面烤熟，取出来一张张重叠晾凉，用刀切成均匀一致的面条即可。食用时，先在碗里放好作料，再把绿豆面条装入漏勺，放沸水锅稍烫几秒，捞出来装碗，拌匀即可食用。绿豆面柔中有韧，色泽嫩绿，有豆类和蔬菜的清香，营养丰富。

当地各种加工好的半成品食材特别多。土家腊肉制品是石柱的特色，一般是与风萝卜一起炖制食用。豆腐干豆香扑鼻，可切成片、丝、丁，热炒、凉拌、烧烤均可。鲊南瓜片、干南瓜片、红薯粉皮等也有特色。鲊南瓜片是把南瓜片加米粉和辣椒拌匀发酵而成，炒好后最宜下饭。干南瓜片比较简单，把南瓜直接切片后晒干即可。红薯粉皮则比较有意思，并不是我们常见的黑褐色，而是白色透明的小薄片状，它是把红薯淀粉和黑芝麻一起搅匀，再用锅上火摊成。

此外，当地还有特别多的地木耳、干盐菜、笋干等。

土家柴火洋芋饭

　　考察完菜市场后，我们决定找一家具有当地特色的餐馆就餐。石柱最有名的就是柴火洋芋饭了，大街小巷都是打着柴火洋芋饭招牌的餐馆，我们去的是马耳巴柴火洋芋饭。

　　该店装修为乡土风格。由于我们来得有点早，便与老板拉起了家常。老板告诉我们，他店开了 5 年，在石柱县城有 4 家分店，主营柴火洋芋饭和本地家常菜。

　　老板说的洋芋饭是土家族的特色美食，店里有土灶大锅，现制现卖，做法也不复杂。先把淘洗干净的大米下沸水锅煮至半熟，捞出来沥水待用。另起锅放菜油烧热，下少量盐，投入去皮的洋芋块

土家柴火洋芋饭

炒至发黄时，掺适量清水，倒入半熟的大米，加盖密封，用大火烧片刻后改小火焖熟，即可关火。洋芋饭香醇可口，有洋芋的焦香味和大米的香甜味。

不过，制作洋芋饭还有些讲究，一定要掌握好火候、掺水量和煮米的程度，否则不是锅底焦煳，就是米饭偏硬未熟或过于软熟。要先用大火，再用小火焖熟且将洋芋炕起锅巴；掺水量以刚淹没洋芋为宜，过多则米饭易软，过少则米饭偏硬未熟；煮米以半熟且米粒有硬心为宜。此外，判断洋芋饭是否焖好，可看蒸汽是否直线上冒便可。

石柱家常菜

该店的家常菜也颇具特色，凉拌莼菜较为简单，把氽过水的莼菜装盘，加蒜泥、盐、味精和辣椒酱，撒上葱花和小米椒粒拌匀即成，不过成菜形式和口味让人耳目一新。鲊辣椒炒笋子是先把鲊辣椒入热油锅炒香，再下竹笋丝炒匀，其间调入盐、味精，最后撒蒜苗节颠匀，即成。

小吃都巴的制作相对复杂，先把都巴粉用热水调成面团，搓条后切成圆片，再下沸水锅煮熟，捞出来沥水后，投入热油锅炸至表面酥脆。另锅放菜油烧热，下白糖炒成浓糖液，倒入炸过的都巴块翻裹均匀，撒些熟芝麻，出锅装盘即成。

风萝卜汤有风萝卜炖腊肉的味道，但价格很便宜，这是店家想出来的妙招。它是把少量的边角肥腊肉与风萝卜一起炖制，最后还放了一点冰糖，这样既有腊肉的味道和脂香，又回口微甜，称得上是价廉物美。

此外，该店制作的下饭小菜——烧椒，也让人印象深刻，我不由得想起了"细节决定成败"这句话。它是把青椒放柴火里烧至表面呈虎皮状后，加盐、味精等捣成泥制成烧椒碎，不过捣制时里面加有少量的皮蛋。这就使得整个小菜的味道提升了一个层次，风味变得另类。如果不是老板点破其中奥秘，这种创意恐怕让人琢磨半天，也想不出来。

绿豆面（左上）、红薯粉皮（右上）、豆腐干（左下）、鲊南瓜片（右下）

文／张先文、张孟全

图／田道华

长江边上品鱼鲜

Zhongxian

忠县

　　忠县地处三峡库区腹心，境内的水资源丰富，有溪河 20 多条，长江自西向东横穿而过。忠县历史文化厚重，有文字记载历史达 2300 多年，古称临江、忠州。境内文化旅游资源丰富，拥有全国两座白居易祠庙之一的白公祠，纪念曾经的忠州刺史白居易，还有一个建于 400 多年前的石宝寨，是我国现存最高、层数最多的穿斗式木结构建筑，被誉为"长江盆景"。

　　靠山吃山，靠水吃水，忠县除了鱼鲜丰富，鱼类品种多种多样外，各种山野食材也不少。我们从石柱县赶到忠县时，已经是华灯初上了，沿江而行，江边高楼林立、夜景迷人。到达长江边上的渔老大鱼庄后，当地朋友田举文热情地接待了我们，让我们品尝了鱼鲜及一些忠县地方特色菜，有石宝蒸豆腐、鲜椒干豇豆、忠县干菜汤等，让人印象深刻。

麻辣鱼

原料：花鲢鱼 1 条（约 2000 克），老豆腐块 200 克，魔芋条 200 克，黄豆芽 200 克，贵州子弹头辣椒节 100 克，新一代干辣椒节 180 克，干红花椒 15 克，干青花椒 20 克，香料粉 15 克，白糖 10 克，味精 20 克，鸡精 20 克，胡椒粉 5 克，豆瓣酱 120 克，香水鱼料 180 克，花椒油 20 毫升，蒜末、蒜苗叶、姜葱水、盐、红薯粉、菜籽油各适量。

制法：1. 把花鲢鱼宰杀洗净，鱼头和鱼骨斩成块待用，取净鱼肉切成片，纳盆用盐、味精、葱姜水和胡椒粉腌入味，再加适量红薯淀粉拌匀上浆。另把老豆腐块、魔芋条、黄豆芽放入加有盐的沸水锅煮熟，捞出来沥水并放大盆里垫底。鱼头和鱼骨入热油锅炸熟，亦捞出来垫底。

2. 净锅入菜籽油烧热，放入香水鱼料、豆瓣酱及部分子弹头辣椒节、新一代干辣椒节、干红花椒、干青花椒炒香出色，掺入水烧沸，调入盐、白糖、味精、鸡精和胡椒粉熬出味，打去料渣不用，鱼片抖散后下入，滑熟后出锅倒入鱼盆，撒上香料粉、蒜苗叶和蒜末。

3. 另锅注入菜籽油烧热，投入余下的子弹头辣椒节、新一代干辣椒节和干花椒炸至褐色，出锅浇在鱼身上激香，淋花椒油即成。

说明：香料粉是把八角 10 克、桂皮 12 克、香叶 15 克、孜然 8 克、小茴香 15 克、白芷 18 克、良姜 5 克、灵草 15 克、茯苓 8 克、辛夷 3 克一起炒香后打成粉。

关键：调糊时，一定要按照顺序下料，否则调不匀，另外在炸制时，也不会有内部松软起孔洞的效果。

文/张先文、张孟全　图/田道华

万州

Wanzhou

万州以"万川毕汇""万商毕集"而得名，是渝东北、川东、鄂西、陕南、黔东、湘西的物资集散地。由于具有得天独厚的地理条件和丰富的物产资源，再加上众多南来北往的流动人口，造就了万州丰富多样的美食文化。万州豌豆杂酱面、万州烤鱼和万州格格这三大特色美食，在全国声名鹊起。此外，万州的民间家常菜、卤菜及鱼类菜肴，也有独特风味。

细节满满的豌杂面

豌豆杂酱面（豌杂面）是万州最有名气的美食之一，在川渝地区的知名度和影响力很大，也很受消费者的喜爱。到达万州城以后，我们便直奔老盐坊棚棚面。该店经营的历史并不太长，生意却火爆，我们到店时吃面的食客早就满堂了。同行的朋友告诉我，面店的老板尹政在万州经营中餐有十多年了，前些年又进军面食行业，也取得了不错的业绩。

到店后，尹政热情地接待我们，并带我们在店里参观。该店装修得古色古香，实木的桌椅板凳使店堂显得厚重有文化，靠墙两排桌椅和中间一排餐桌的错位设计，既有效地利用了空间，又不拥挤。墙上挂着面条品种的图片，除了豌杂面以外，足足有五十多种其他面条供应，可谓品种繁多。厨房里的操作人员各司其职，有条不紊地忙碌着，挑面的挑面、舀臊子的舀臊子，各种预先烧好的面条臊子有序排开，各种现炒臊子的配料都码放得整整齐齐，盛装面条的大碗一层层摞着，随时准备着盛面上桌。

随后，尹政给我们煮了几种招牌面条品尝。在边吃边聊的过程中，尹政介绍了万州豌杂面的特色，以及他对经营面馆的经验和体会。他说老万州豌杂面先要把干豌豆放温水盆泡涨，再煮至透烂，捞出来沥水后放入煮熟的水面，加炒好的肉末臊子、酱油、花椒面、红油辣椒等拌匀，即可食用。豌杂面的特色是酱香浓郁，麻辣鲜香且巴味，再喝一口现煮的热豆浆，特别爽口。

要做好万州豌杂面并不简单，有很多细节需注意。首先，豌杂面所用的水面条与重庆小面或其他地方的都不一样，它是在传统碱面的基础上加鸡蛋液制作而成，口感筋道、不易断裂、不浑面汤。其次，炒制杂酱臊子很关键，一定要把猪肉末炒干炒香，用酱油上色，甜面酱和芝麻酱也要炒香，再烹少量的清水回软，这样的臊子软和、不顶牙。第三，面条里加入煮软烂的豌豆是点睛之笔，既巴味又有豆香。此外，挑面条也很有讲究，一般挑面都是一手拿长筷、一手拿漏网勺配合操作，而在万州则是一手拿炒勺、一手拿漏网勺，

万州平湖旭日 供图 / 视觉中国

万州豌杂面

这样方便为那些不喜面条太干的食客添加少许汤汁。盛面条的碗都很大，也是为了方便食客拌匀臊子和作料。

多元的臊子面

当谈到万州豌杂面这些年的发展和变化时，尹政分享了他经营面馆的思路和体会。他说较早的万州面馆一般只有豌杂一种臊子，后来才增加了牛肉、排骨、肥肠等臊子，万州面在豌杂面的基础上有向多元化、中餐化方向发展的趋势。即保留豌豆和鸡蛋碱面的特色风味不变，而在面臊子上大做文章，借鉴中餐现炒现卖的手法，把某些炒菜作为面臊使用，这样就极大地丰富了面食的品种，让食客有了更多选择。尹政说，这种经营面馆的创新思路是受盖浇饭的启发，只不过是把米饭换成了面条。

尹政给我们介绍了几种店里卖得较好的特色面食。莽子牛肉面中牛肉切得很大块，然后加土豆块一起提前做成红烧牛肉臊子，面条煮好挑碗后舀在上面就可以了。牛肉与香料配合恰当，烧至软熟，汤汁相对较多。此外，也有加火锅底料一起烧成红汤火锅味道的牛肉臊子。

泡椒腰花面、泡椒牛肉面、蒜苗碎碎肉面的臊子，都是按照中餐小炒的技法制作而成。泡椒腰花臊子是把新鲜猪腰用刀片去腰骚后，切成眉毛形腰花，加盐、料酒、辣椒面和水淀粉码味上浆。净锅放菜油烧热，下入上好浆的腰花炒散，投入泡辣椒节、泡姜片、蒜片、花椒、青椒节、蒜薹节和水发木耳炒香出味，添入少量鲜汤，调入盐、味精、鸡精和胡椒粉，撒入葱节推匀，出锅浇在煮好的面条上，撒些香菜和酥花仁，即可。

泡椒牛肉臊子与泡椒腰花臊子的做法差不多，只是牛肉要选精瘦牛肉，切成丝并上浆。而蒜苗碎碎肉臊子则是把猪瘦肉切成小片，经码味上浆后，下入热油锅按照小炒肉的烹制方法炒熟，掺汤调味后，加蒜苗节和韭菜节炒匀，出锅浇在煮好的面条上即可。

莽子牛肉面

文/张先文、张孟全 图/田道华、黄建

包面鲜香嫩
羊肴麻辣浓

云阳
Yunyang

云阳县位于重庆市东北部，东与奉节县相连，西与万州区相接。云阳最有名的小吃要数包面了，类似于川人常说的抄手，其个头较小。羊杂汤锅和羊脚火锅也是当地著名的佳肴，麻辣味浓厚。此外，当地味海园酒楼烹制的民间风味菜和创新菜，也颇有特点。

小吃包面

所谓包面，又叫云吞、抄手、馄饨，但细细探究，彼此之间似乎又有些不同，云阳的包面大小合适，皮薄馅多。在云阳县，我们考察了云安包面王和狗耳朵包面这两家小吃店。

云安包面王已经营了二十多年，是云阳为数不多的"老字号"之一。老板告诉我们，包面的馅料就像人的内心，一定要真实可靠，还要美丽大方。馅料选用本地粮食猪并取肥瘦相间且细嫩的猪前腿

肉，反复剁细，加盐、味精、胡椒粉、姜米和小香葱花搅匀上劲。选用优质面粉加鸡蛋液、食用碱和适量清水搅拌均匀，用压面机反复压成薄片，切成方块，这样做出来的面皮薄而韧，久煮不烂。

包包面的方式与四川包抄手差不多，把皮摊开，放适量馅料，对折成三角形包住馅料，然后沾些清水并围起来捏紧粘牢，便成了漂亮的元宝形状。不过，包面挑馅的工具为圆形木棍，而抄手一般是用扁形竹片或木片，不知有何差别。

包面的味道重在调料，除了盐、味精、酱油、香醋、芝麻油、花椒面、花椒油、胡椒粉、生米、蒜泥、香菜、小香葱花常规调料，红油辣子、炒芝麻和山胡椒油可谓包面的灵魂。包面调味的红油辣子香味十足，但不太辣，要选用辣度适中的二荆条辣椒和贵州辣椒，经过人工炒制后舂碎，再加温热的压榨菜籽油冲制，才能达到辣而不燥、辣而生香的境界。黑芝麻是云阳的特产，收购后清洗干净并晒干，不要去皮，炒香后碾碎，可与辣椒一起炼红油，味道香浓纯正。

很多人吃不惯山胡椒油的味道，但对于喜欢的人来说那种特殊的香味让人难以忘怀。山胡椒油是云阳人吃包面常爱添加的调味料，其做法也很特别，把新鲜的山胡椒籽捣成泥，用植物油浸泡出味就可以了。有意思的是，如果包面配上酥脆的麻花一起食用，一脆一软的口感对比鲜明，那就更好了。

狗耳朵包面是云阳磐石镇的传统小吃，因形似"狗耳朵"得名，具有皮薄馅大、韧劲足、味道鲜美的特点。狗耳朵包面有猪肉、牛肉、鸡肉、羊肉等多种馅料，皮料由优质面粉加鸡蛋液、红薯粉、食用碱和适量清水拌匀制成的，煮熟后吃到嘴里略有脆感，颇有特色。狗耳朵包面的包制方法与其他包面有很大不同，馅料放面皮里后，直接从下面兜住捏合封严即好，形状像狗的耳朵，有藤椒味、清汤味、红油味三种口味，走精致化路线。狗耳朵包面的汤汁由猪大骨和土鸡肉一起经长时间炖制而成，味道鲜美。

我们比较了两家的包面，感觉风味各有千秋，云安包面细嫩爽滑，狗耳朵包面鲜香带脆感。而让我们觉得好奇的是，在两家店里看到顾客点食后，包面都不是数个数，而是用秤称，童叟无欺，这也算是云阳包面的一大特色吧。

云安羊杂汤锅

云阳县云安镇是一座具有多年历史的古镇，早在汉高祖元年，就有扶嘉率众凿井煮盐的故事。这里曾是称雄巴蜀、名闻遐迩的古盐都，涌流着古老的盐泉，以"白兔井"的诞生为标志，直到1987年才"寿终正寝"。与盐井相伴而生的是盐工们常食羊杂的习惯。

特制藤椒包面

在云安，虽然盐井已经成为历史，但吃羊杂的习俗却保留了下来，由此形成了一道乡镇美食——云安羊杂。

我们一行沿着盘山公路开到由朱光清经营的云安老羊杂店时，已经过了饭点时间，店里的生意还不错，大多是慕名而来。朱光清告诉我们，在他未开羊杂店前，云安吃羊杂汤锅不知已有多少年的历史了。记得20世纪七八十年代，普通工人一个月工资收入8元的时候，羊杂才卖5分钱一碗，一年四季都有售卖，消费者大多是盐厂的工人。他说自己是七年前才开始经营云安老羊杂的，先是学技术，然后盘下店铺自己经营，刚开始只有一间铺面，后来生意好了，扩大至三间。

朱光清说做羊杂是个细心活，羊杂需要反复清洗和下锅汆煮，去膻后才能使用，而羊肉则制成土扣碗售卖，羊脚可以用卤水卤制熟，

云安羊杂汤锅

单独售卖。

　　要把云安老羊杂做得麻辣鲜香醇厚,有技术诀窍。首先是烧羊杂,把菜油下锅烧热,放入干辣椒、花椒、姜块、蒜瓣、葱节和豆瓣炒香出色,下入八角、桂皮、香果、草果、山奈、橘子皮等炒香,掺入井水,开大火烧沸,调入盐、味精、鸡精、白糖、胡椒粉,倒入切好的熟羊杂(羊肚条、羊肺片、羊肠节、羊心条等),用小火烧至八分熟,保温待用。其次是制汤锅,先把黄豆芽、水发木耳、土豆片等放铁锅里垫底,再连汤带肉舀入羊杂,撒上香菜,随配豆腐块、豆皮、青菜、粉条等一起上桌烫食。

羊杂一次性烧得越多，味道就越浓厚；干辣椒、花椒和豆瓣质量要好，这样老羊杂的味道才麻辣醇厚；香料的比例和品种要搭配好，这样香味才纯正。此外，烧好的羊杂还可以作为臊子使用，浇在煮熟的面条上，做成羊杂面。

羊脚火锅与干锅

说来也怪，云阳人除了爱吃羊杂，还爱吃羊脚。开在云阳县城里的万羴（读 shān）羊脚火锅，是一家有二十多年历史的老店。据云阳的朋友说，万羴羊脚火锅的生意非常好，去晚了可能要等位，于是我们 5 点钟就到了。即便这么早，到达时店外空坝上也已摆满了矮矮的火锅桌，许多人已经在大快朵颐了。我们赶紧找座位坐下，并点了店里的特色羊脚火锅和干锅羊脚。

不一会儿，羊脚火锅便端上了桌，而加热的燃料居然是几乎在城市里消失的蜂窝煤，让人感慨，顿时有了亲近感。羊脚火锅的味道、制法和食用方式与云安老羊杂差不多，先把土豆片和白萝卜片放火锅盆垫底，连汤舀入少量烧好的羊杂，放上煨入味的羊脚，撒些香菜，即可点火食用。羊脚火锅吃的是味浓味厚的麻辣味，其中羊脚的处理相当麻烦，先要把羊脚表面的毛根用火烧去，再放温水盆里反复刮洗干净，然后加姜葱、料酒和花椒反复浸泡去腥膻味，最后下入汤锅里用小火煨至软烂，才可以食用。羊脚的胶原蛋白含量丰富，口感软糯，味道麻辣鲜香。

干锅羊脚用的也是煨熟的羊脚，调的是麻辣孜然味，先把煨熟的羊脚投入热油锅炸至表面金黄酥脆，捞出来沥油。接着另锅放香料红油烧热，下入干辣椒节、花椒、姜米、蒜米、葱花、豆瓣、干锅酱和孜然粉炒香出色，放入炸过的羊脚，烹入适量料酒，调入盐、味精、鸡精、白糖和胡椒粉炒匀入味，淋花椒油和香油，并撒熟芝麻推匀，出锅装入铁锅内，即可上桌食用。

这羊脚，一个火锅，一个干锅；一个滋润，一个干香，让我们吃得直呼过瘾。

云阳特色食材

开在云阳城里的味海园酒楼是以经营包席为主的大型餐厅，除了大厅，还有十多个包间，平时也接待零餐。老板刘从海厨师出身，对菜品的味道要求苛刻。他在研发菜品时，常常突发奇想，锐意创新，舍得下功夫，利用非常规的烹饪技法做出意想不到的菜肴，难得的是味道还不错。比如把魔芋用来干煸，口感外脆内软；把土豆丝用来煮酸辣汤，既解酒又下饭；把藕煮软糯后，炸至外酥内软再炒制等。他还利用特色调味料山胡椒油等把菜肴调成特殊口味。

既然有特色美食，那就少不了特色食材，我们在云阳菜市场上确实发现了不少。就拿前面提到的鱼香来说，它其实与薄荷是同一科植物，只不过生长在水边。鲜花椒是土红花椒，新鲜摘下来的，及时食用，香味浓郁。而天麻花与天麻的功用类似，有一定的食疗作用。

在云阳的菜市场里，我们还发现了不少半成品食材。如黑豆腐是用黑豆磨浆点制而成；盐豇豆是把豇豆煮熟后晒干，再加盐、花椒和辣椒一起腌制的；萝卜干是把白萝卜切成条后，加盐潷出水分，脱水后加辣椒面拌匀。此外，打整干净的羊脚和羊脑壳肉均有售卖。

干煸魔芋

🌶 原料：魔芋 300 克，小葱 5 克，干辣椒条 30 克，干红花椒 8 克，干青花椒 2 克，去皮白芝麻 5 克，盐 2 克，味精 5 克，鸡精 5 克，白糖 1 克，花椒油 8 毫升，香油 4 毫升，姜米、蒜米、葱花、菜籽油各适量。

🍲 制法：1. 把魔芋切成细条后，下入七成热的油锅里炸至表皮干脆，捞出来沥油待用。

2. 锅留底油，下姜米、蒜米、干辣椒条、干红花椒和干青花椒炒香出味，放入炸过的魔芋条一起煸炒，调入盐、味精、鸡精和白糖炒入味，淋些香油和花椒油，出锅装盆后撒葱花和白芝麻。

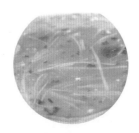

农家土
豆丝汤

🌶 原料：土豆丝 200 克，熟五花肉丝 30 克，熟腊肉丝 20 克，泡甜椒丝 5 克 泡萝卜丝 20 克，泡姜丝 20 克，葱花 10 克，鱼香末 5 克，金瓜汁 10 克，盐 3 克，鸡精 3 克，味精 3 克，白醋、水淀粉、鲜汤、化猪油各适量。

🍲 制法：1. 净锅入化猪油烧热，投入熟五花肉丝和熟腊肉丝煸香，下入泡甜椒丝、泡萝卜丝和泡姜丝炒出味，然后掺入鲜汤烧沸。

2. 放入土豆丝，调入金瓜汁、盐、鸡精、味精和白醋，用水淀粉勾薄芡，撒上葱花和鱼香末，出锅装碗即成。若是没有鱼香，也可用薄荷叶代替。

炊具奇巧的
鹽子鸡

奉节
Fengjie

文/陶灵 图/林风

在重庆奉节县，有一道民间美食"鹽（gǔ）子鸡"常常让外来游客感到好奇，其独特魅力除了食材的鲜美外，更多的还在于炊具的奇巧。

这个特殊的炊具叫"鹽子"，是由奉节县竹园镇的乡间民窑烧制出来的，它初看只是一只普通的陶罐，圆柱体形，中间有些突起，很像乐器中的"鼓"。

这道菜的主料，是宰杀洗净的整只土鸡，以及斩成小坨的老腊肉（若有腊猪蹄加进去，当然再好不过了），配料则为农户自家腌制的陈年大头菜。将加工处理好的食材放到鹽子里，并不直接把鹽子拿到灶上去煮，而是放到铁锅里掺水蒸。

在鹽子底部边沿，均匀地分布着四个小孔，在鹽子内壁的上口边沿，也相应地有四个小孔。为了上下连通这些小孔，乡民在制作鹽子陶坯时，附着壁做了四条凸出的空心暗槽。当铁锅里的水烧得滚开时，蒸汽便会从鹽子底的小孔里钻进去，然后从内壁的小孔喷出来。

食材放进鹽子里后，也不掺水，全靠小孔喷出的蒸汽使其变熟并生出一钵汤汁，时间差不多要四小时。蒸熟的土鸡和老腊肉少了油腻，其形态仍然保持原样，吃到嘴里却已经烂熟。

奉节鹽子鸡

鹽子鸡的食材是干放进去的，成品的汤汁又是从哪里来的呢？原来，在蒸制过程中，由于鹽子里的蒸汽会一个劲儿地从盖缝里飘出来，而鹽子盖的盖顶有几厘米高的沿边，形状像瓦盘，往盘里掺满冷水，并且随时更换，以保持一定的凉度。当鹽子里的蒸汽上升时，遇冷就会冷凝成水——滴在食材上，最后合着土鸡的鲜、腊肉的香，特别是混合了陈年大头菜特有的腌香味，便成了一锅鲜美的鸡汤。

大头菜学名芜菁，外形酷似圆头萝卜，将它像做榨菜一样用盐浸渍后，滗去水再放到坛子里干贮，民间称其为干咸菜。大头菜与榨菜、芽菜、冬菜一起，合称为四川民间的四大酱腌菜。熟悉川菜的人都知道，川人在做菜时，都喜欢适当地加些腌菜以提味增香。

云阳与奉节相邻，乡民也常用老腊肉加大头菜炖土鸡，不过用的是那种中间有些突起的像"鼓"的陶瓦罐炖，所以不叫鹽子鸡，却对这种陶瓦罐称"鼓子"，与"鹽子"同音，也有叫"砂吊子"的。我有时会想，奉节的"鹽子"是不是它本身就叫"鼓子"，后来为显独特，才用了这个不常用的"鹽"字？

荥经
雅安市

拞拞面
干拌鸡
青豆烧鸡杂
野韭菜包饺子

汉源

榨榨面
炸洋芋
肚脐眼馍馍
汉源黄牛肉
坛子肉

木里

野生菌
藏餐

西昌市

米易

铜火锅
野菜

羊肉米线
高山黄牛肉
油底肉
酸香泡菜鱼

盐边

攀枝花市

会理

抓酥包子
鸡火丝

味阳
道光

线路五

寻味雅攀高速

在四川的诸多美食线路中，雅攀高速无疑是一条"食材之路"，沿途经过的小城盛产各种山野好食材，如雅安雅鱼、荥经竹笋、汉源花椒、米易野菜、木里野生菌、攀枝花水果……原因自然在于地形地势，雅攀高速公路由四川盆地边缘向横断山区高地爬升，每向前延伸一公里，平均海拔高程就上升 7.5 米，高速公路如一条巨龙穿梭于崇山峻岭之间。

这也是一条神奇的美景之路、一段奇妙的向阳之旅。从荥经到汉源，要通过长达 10 公里的泥巴山隧道。泥巴山是我国山脉中一条著名的分水岭，山这头的荥经常年云雾缭绕，烟雨蒙蒙；泥巴山那头的汉源却晴空万里，花果飘香。泥巴山南坡，以及攀西裂谷，属于温暖少雨的河谷气候地带，四季都有产出，冬天阳光尤为喜人。沿着这条穿山越岭的"逛吃"路线，可以尽情享受美景、美食以及少数民族风情。

荥经县兰家山文严塔　供图 / 视觉中国

盐边火把节

米易宴席菜

会理古城 供图 / 视觉中国

文／刘乾坤　图／周莉莉

地道美食四题

荥经

Yingjing

在四川盆地的每一个小县城或小乡镇，可能都有独到的美食，食之难忘。独特的地方风味多为当地市井美食，非旅游网红打卡点，也不是高档酒楼，而是当地百姓日常选择，惠而不费，其食材也普通，多产于当地，是为地道的美食。

挞挞面：一座城市的共同滋味

在荥经县城，所有人都熟知的一种美味，可能就是挞挞面了。当你漫步在荥经大街小巷，四处可闻"劈里啪啦"的甩挞挞面声，家家面馆都散发出阵阵诱人的香味儿，不由你不止步，不由不馋涎欲滴，这便是荥经人的最佳早点"挞挞面"的魅力。

挞挞面是一种手工面，大师傅选用上好面粉和好后搓成条，抹上

挞挞面

清油放一段时间，做面时，一条为一碗，取若干条，手艺高低在于一手面能挞多少条，越多手艺越高。将面条压成扁长条，双手边拉边挞，闪悠悠，颤巍巍，像跳动的五线谱，奏出欢乐的歌。配上三鲜、杂酱、牛肉、鸡丝、酸菜、清汤等各式面臊调味，让人食欲倍增，津津有味。

荥经人喜爱挞挞面，早餐图个方便，久而久之像吃上了瘾。要是外出几天回荥经，还真有点"一日不见如隔三秋"之感；外地人到荥经，免不了要尝尝这道特殊的手工面，挞挞面自然而然、顺理成章成为荥经"第一面"。

2009年，到荥经县采访时，当地朋友请我们吃挞挞面。采访组中的一位老师给我讲了一个故事。20世纪80年代，他与日本专家在川西一带考察，在荥经吃挞挞面，日本专家先吃了2碗，后来走了十几公里，都快要到麂子岗山顶了，又返回县里吃了一碗，结果吃撑了，回成都后不仅当天没吃晚饭，第二天早饭都没吃。他当时的想法是，这种美味回到日本再也吃不到了，即便以后再来中国考察，也不一定会来到荥经，所以再撑也要多吃一碗。

从这一点来说，荥经人民无比幸福，每天都可以在从挞挞面的享用中开启一天的生活与工作。每个人对于美食的喜好不太一样，在荥经随处可见以各种姓氏打头的挞挞面，那次我们选择了"吕记挞挞面"，跟着当地朋友学会了一种吃法：牛肉汤杂酱。

杂酱，这种极为普通的臊子面在很多城市都有，如果不弄清楚当地的杂酱，你可能会被认为不懂当地美食。荥经杂酱是五花肉烧笋子，笋子是当地特产，每年 8 月采挖，当地老百姓称其为"钉钉竹"。钉钉竹是中文名，现在叫八月竹（其实是方竹属的一种，以前叫瓦山方竹，方竹属在中国有 17 个种）。每年 8 月，大相岭的山上很热闹，来自小凉山的彝族同胞开始采挖笋子，吃住都在山上。采来的笋子交给当地商家销售，并制作干笋。

在吕记挞挞面吃的杂酱就是用的这种干笋。发制干笋很讲究，吕老板说每 2 小时要换一次水，需要 12 个小时或更长的时间来发制，干笋"吃"足了水分才和肉烧制，同样也是小火慢烧，白味的杂酱保持了食材的诸多本味，很是鲜美。但是嗜辣的我们，臊子选择了杂酱，底汤选的红烧牛肉臊子的红味汤汁，就变成了一种新组合：牛肉汤杂酱。十多年过去了，每次途经荥经，总会找机会吃一碗牛肉汤杂酱。

荥经挞挞面，挞出了严道（荥经古称）风情，挞出了飘香韵味，挞出了城乡致富之花。来到荥经，吃上一碗巴适的挞挞面，会给你的这趟旅程带来一段值得回味的记忆！坐在荥经街头巷尾的挞挞面馆里，不难感受到这样一道独特的风景——扯面师傅扯面时清脆响亮的"啪！啪！"声，混合着跑堂"三鲜面二两""泡菜一碟"的吆喝！总是让人更为期待那碗热腾腾，面条糯滑精细，面汤醇香浓郁的扯扯面！

干拌鸡：从乡野中走来的独特美食

干拌是川菜中的一种工艺，最为有名的是干拌牛肉。荥经"老特饭店"的干拌鸡，是这家店的第一招牌菜。这干拌鸡，至少我在别的地方没有吃过，似乎成了老特饭店的独门秘籍。说到干拌鸡，创始人郑良光最为得意的不是鸡，而是水。煮鸡的水是山泉水，也是荥经人民日常饮用水。荥经地处四川盆地西南边缘，山高林密，又是华西雨屏降雨中心地带，山上泉水丰富，因此城区的饮用水采用的是天然泉水，再加上选用的是粮食喂养的土鸡，口感自然好。

做这道鸡的工艺并不复杂，8 月龄的仔公鸡，用山泉水加姜葱煮40 分钟左右，这"左"与"右"依靠经验来判断，根据鸡的情况来决定煮鸡时间的长短。晾凉之后去骨，手撕成条，佐料极为简单：老板自己焙的辣椒面、汉源花椒面、盐、糖，一般不加味精，入口，鸡肉的清香首先打动人的味觉。微咸之后有甜味，继之而来是微微的麻味和轻微的煳辣味交织，咀嚼中，这些味道慢慢融合在一起，咽下肚之后，口腔中还有绵长的余味，这充分说明食材才是最重要的。

如此工艺，传统的菜谱与师傅是没有讲授的，和老板交流之后，才知道这一道菜完全来自乡里民间。时年 57 岁的郑良光说，在过去物资匮乏的年代，乡下居民家来客人，就杀只鸡煮熟，没有多余的调料，把干辣椒在柴火上烘烤一下，擂成辣椒面，加点盐拌匀，就算是待客的佳肴。青少年的记忆一直存留在郑良光的心里，1999 年郑良光开了这家店，把记忆中的美食搬进了饭店，没想到成为第一招牌菜。

青豆烧鸡杂：知道的与不知道的都蒙了

2020 年 8 月，我邀请中科院植物所研究员庄平老师和四川省青少年文联博物专委会副主席沈尤一起前往大相岭考察，次日中午，不由自主地就选择了"老特饭店"吃午餐。首先就点了这家店的当家菜：干拌鸡，麻辣鲜香。有鸡就有鸡杂，我和沈尤都是鸡杂爱家——通常餐馆都有一道菜：泡椒鸡杂，是一道急火小炒的家常菜。

我正说出泡椒鸡杂的时候，服务员却说："我们这儿有一道菜很受欢迎：青豆烧鸡杂。"我一脸发蒙，没有听说过，更没有吃过，脱口而出："还有这个菜？"这就是川菜的地域特点，每个小城都有它的独特美食，有的你甚至闻所未闻。

这道菜是最后上的，我想好吃的烧菜都是中小火慢慢烧制，传统川菜更是讲究文火慢煨。青豆烧鸡杂，最好吃的是青豆，小小的青豆在烧制中，吸收了大量的动物脂香与调料的味，加上细嫩化渣，又小，需要一粒一粒拈起来，若是你拿勺舀起来大口吃，总是有点难看，而且不能慢慢品味。青豆再小，也经不住我们几个拈。汤汁泡饭，用店家自制的红豆腐下饭，巴适！

野韭菜包饺子：可遇而不可求的美味

和植物学家去野外，不能错过学习的机会。在马草河自然保护区里，回到住地竹影山庄时，还要等会儿才吃饭，便和庄老师沿公路走走。

当地居民会在花台里种些植物，路边更有很多原生植物，在庄老师的指点下，我很快就认识了醉鱼草、凤仙花、三七花、绞股蓝等，和植物学家到野外，总有很多惊喜。

庄老师突然看到几朵白色的花，说："这是野韭菜，春天拿来包饺子好吃。"韭菜饺子倒是经常吃，野韭菜包饺子确实没有吃过，饭后问竹影山庄的老板胡太勇，他说他家山上多，走的时候可顺便割点带走。

野韭菜在当天就被带回了成都，天时已晚，放在冰箱里。古代典籍中，南齐周颙有句名言："春初早韭，秋末晚菘。"但是若要等到春天吃野韭菜，还有好几个月时间，不能等呀。第二天就剁了一斤猪的前腿肉，和了半斤野韭菜，包了饺子煮食，入口的韭菜香味相当浓郁。

野韭菜在中国南北都有分布，北方的韭菜食花，涮羊肉的绝配野韭花酱，就是北方野韭菜花做的。南方韭菜又分为宽叶和窄叶两大类，在广西，当地人大量种植宽叶韭，每年还要举办韭菜节。

我想，在阳台上种一两盆野韭菜，既是景观，也是食材，于是就这么干了。

荥经砂器为当地常用的烹饪器具　供图／视觉中国

文/张先文、张孟全　图/田道华

汉源

Hanyuan

花椒之外的地标美食

　　四川省汉源县的花椒给人们留下了深刻的印象，其实作为西部山区农业县的汉源，还有不少山野食材，以及用它们烹制出来的特色佳肴。

　　汉源县隶属于四川省雅安市，位于四川省境内偏西南，东邻乐山市金口河区和眉山市洪雅县，南连凉山彝族自治州的甘洛县，西靠甘孜藏族自治州的泸定县和雅安市石棉县，北接雅安市荥经县，地形以山地为主。大渡河横穿东西，流沙河纵贯南北，形成了四周高山环绕、中部河谷低平的地势。

　　汉源建制于公元前 97 年，至今有二千多年的历史。"古牦牛道"记录了"南方丝绸之路"的悠悠岁月，"富林文化""清溪文庙""九襄石牌坊"古朴深邃。汉源的物产丰富多样，除了驰名中外的花椒外，还有汉源金花梨、黄果柑、樱桃、芸豆、大蒜等农产品。此外，汉源的黄牛肉及大山里的野菜和菌类，也值得一提。

花椒鸡

榨榨面

制作工具独特的榨榨面

每一个地方都有自己不同的饮食习惯，每一座城市都有独特的地方小吃。汉源县最有名气的小吃非榨榨面莫属，除此之外，我们在大街小巷还见到了炸洋芋、肚脐眼馍馍、蒸馍、烤馍等。

走在汉源县的大街小巷，我们发现一道独特的景象——许多小食店门口都摆有一个木架子，架子下面有锅灶，锅上边有一根粗大的青冈横木，横木的中间开有一个圆孔，横木上还有一根可活动的青冈木杠子，杠子中间有一节圆柱形木块。它就是制作汉源榨榨面的专用工具。

在汉源县城东区综合市场对面的"李剑榨榨面"，我们近距离观看了榨榨面制作的全过程，也细细品尝了其味道。据店主介绍，榨榨面是汉源县的本土特色面食，因面条需现榨现煮而得名。制作榨榨面时，师傅从面盆子里揪出一团泛黄的面团塞入横木的圆孔里，再把杠子中间的那节圆木块对着圆孔，用力压下，圆条状的面条便被徐徐挤出并落入沸水锅，煮几分钟后，将面条捞入清水盆漂一会儿，盛入漏网里，放开水锅烫热，沥水后倒入预先调好味的碗里拌匀，即可食用。

另外，制作榨榨面还有些诀窍。首先，荞麦磨成细粉，再与小麦面粉一起纳盆，加适量清水揉和成团。这里的小麦面粉主要起到产生面筋并使面团有柔韧性的作用，并不影响荞麦面的风味。其次，榨好的面条煮熟后过凉水，既能漂去些许荞麦面的苦涩味，又能防止面团之间相互粘连，还能改善面条的口感，使其滑爽，而最后放在开水锅里只是起加热的作用。第三，榨榨面调味的特色主要体现在酸菜和熟豌豆上。当地清溪产的酸菜，味道酸爽，而豌豆则是把干豌豆泡涨后，放清水锅炖煮至烂熟。

一般来说，榨榨面调成麻辣或麻辣略酸的口味。先把盐、味精、花椒粉、醋、姜米、蒜末、葱花、熟油辣椒、泡酸菜末、炒好的猪肉臊子和熟青菜放入面碗里，再舀入适量的棒骨汤，倒入烫热的榨榨面条，然后舀上炖煮至烂熟的豌豆，即可食用。先喝一口汤，酸、辣、麻与荞麦的清香，掺在一起，让人胃口大开。然后夹些面条送入口中，软硬适宜，既不粗糙又不滑腻，特别爽口。

"如果你没有吃过炸洋芋，就不算来过九襄"

在汉源九襄镇街上，有许多家卖炸洋芋的小店，生意都还不错，足见九襄人对洋芋的钟情。刚开始见到炸洋芋时，我们并没有对其足够重视，以为它和全国各地见到的狼牙土豆风味差不多，不能算是汉源九襄的特色小吃。不过，与我们随行的当地朋友却说炸洋芋是九襄最具特色的小吃，还套用了"如果你没有吃过炸洋芋，就不算来过九襄"

之类的话，加以特别强调。

我们进了一家生意比较好的店品尝炸洋芋。只见老师傅把削过皮的整个洋芋顺着大铁锅边滑入热油锅，开小火炸约十来分钟，再用竹签扎洋芋试探是否炸熟，竹签能轻易穿透洋芋，基本上就熟了。等到洋芋外酥内熟时，用竹签挑出来放菜墩上切成块，装碗后淋上特制的酱料，撒些辣椒面就可以食用了。

据店主介绍，炸洋芋看似简单，其实里面包含不少烹饪技巧。首先，洋芋要选用九襄高海拔地区出产的高山洋芋，其淀粉含量高，下油锅后更容易被炸至"外酥里粉"的状态。其次，洋芋要选大小基本相同的，这样既便于成熟一致，又方便按个数卖。第三，因洋芋的个头一般都比较大，故油温不宜太高，火力也不宜太大，以浸炸为主，防止表面煳而内不熟。油脂宜用生菜油。第四，九襄炸洋芋最有特色的是酱料和辣椒面。酱料是用甜面酱和黄豆粉加多种调料熬制出来的，有浓郁的酱香味，浓稠巴味，而特制辣椒面是往辣椒面里加盐、味精和花椒面一起调制而成。

食用炸洋芋也有讲究。洋芋在油锅里炸了十来分钟后，内部极烫。这时需用筷子将洋芋分成两瓣或用刀切成块，用筷子夹起里边炸得粉糯的洋芋，蘸着酱料和辣椒面吃，外酥内软，味道极好。

形似肚脐眼的馍馍

在九襄镇上还开有一些卖蒸馍和烤馍的小摊点。这两种馍馍用的都是传统老面的发酵面团。蒸馍和烤馍在同一口锅里同时制作是亮点。这口锅很有特点，由大铁锅改造而成，往锅里放上一个白铁皮圆桶圈，

炸洋芋

烤肚脐眼馍馍

汉源花椒树

野生刺龙芽

锅的中间放了一个钢条支架，锅的下面掺清水。制作时把部分馍坯沿锅边摆放一圈，利用锅边的温度烙烤成熟。另一部分馍坯摆放于蒸格上，再放在支架上，盖上大锅盖并围上一圈湿纱布封严，防止蒸汽泄漏。大火沸水加热几分钟，蒸馍和烤馍就可以同时出锅了。蒸馍和烤馍松泡暄软，烤馍底部有金黄酥脆的锅巴，味道更佳。

汉源肚脐眼馍馍是当地比较有名的小吃，因该圆形馍馍成熟后，馍的中间凹进去，形似肚脐眼而得名。在汉源"二号点肚脐眼馍馍"店，我们见到了制作肚脐眼馍馍的全过程。该馍馍使用的是半发面团，大致制法是：把揉好的面团下剂后搓成圆球状面坯，再用头部呈圆球状的木棒捶打，使面坯成中间凹陷的圆饼，然后放在平底的鏊子上，用小火烙至两面金黄时，铲出来放炉里烤制成熟，即可食用。馍馍在加热过程中慢慢膨胀，中间凹陷的部分逐渐缩小，最终定型成了"肚脐眼"的模样。其味道香甜，口感绵韧耐嚼。

汉源牛肉香

汉源的牛肉看一直声名在外，这次我们去汉源又岂容错过呢？一出汉源的高速路口，就会看到许多打着清溪牛肉和九襄牛肉招牌的牛肉餐馆。为了方便，我把它们统称为汉源牛肉。

汉源县岳庭酒店的总经理干维林带我们去到一家开在汉源县城里的老字号——"高乐牛肉馆"。据该店的老板王富安介绍，他经营牛肉餐馆已经有三十多年了，从老县城开始到搬来如今的新县城，一步一个脚印实打实地走过来。王富安对汉源牛肉有一种情结，他的职业生涯是从杀猪开始的，后来转行宰牛，再后来经营牛肉餐馆至今。王富安的"高乐牛肉馆"从始至终都保持着自己买牛、自己宰杀、自己烹制的经营方式，他说只有这样，牛肉的质量才有保证，才能把牛肉菜肴的口感和味道牢牢地掌控在自己手里。

由于多年与牛肉打交道，王富安对汉源的牛肉和牛肉菜肴历史有深刻的了解。他告诉我们，汉源的牛肉以黄牛肉为主。汉源清溪牛肉最先是以火锅或汤锅的形式呈现，先把牛肉加辣椒、花椒和豆瓣烧一大锅，然后点火加热食用，等到牛肉吃得差不多时，再烫食各种蔬菜。而牛肉菜肴最先也比较简单，只有红烧、清炖、卤制等几种，后来才增加了炒牛肉、炒胸膜、炒毛肚、炒牛肝、粉蒸牛肉等。

制作牛肉菜肴，王富安在选料上有自己的绝招。首先，红烧和清炖的用牛肋条肉，卤制的用带筋牛旋子肉，粉蒸的用牛背脊肉，炒制的用牛腿肉。其次，汉源花椒和汉源牛肉是绝配，它能有效除去牛肉的异味。

"高乐牛肉馆"的菜肴大多采用传统烹饪手法制作而成。比如红烧牛肉是把牛肋条肉入清水锅汆透后，捞出来切成块。净锅入熟菜油和少量牛油烧热，投入姜片、蒜瓣、干辣椒节、花椒和郫县豆瓣炒香出色，掺入用牛棒骨熬好的汤，下入牛肉块，调入料酒、盐、味精、鸡精和白糖，用小火烧至软熟入味，放入白萝卜块煮入味，上菜时把牛肉连汤一起舀入碗里，撒上香菜即成。

汉源地标美食

汉源县有许多特色食材，比如高山腊肉、坛子肉、香椿芽、臭豆腐、高山土豆、土鸡、刺龙芽、汉源湖大鲤鱼、三片等，均可烹制出美味的地标菜肴。我们在汉源的岳庭酒店和梨彩城农庄就感受了数道。

红烧牛肉

　　烧椒刺龙芽是把野生刺龙芽洗净后，投入沸水锅汆至断生，再放入纯净水里浸泡半小时，捞出来沥干水分，并改刀成长条备用。把青二荆条辣椒用炭火烧熟后，与大蒜和鲜青花椒一起捣碎，再调入盐、鸡精、花椒油和生菜油拌匀成烧椒酱味料，然后与刺龙芽条拌匀装盘，撒些小米椒粒即成。需注意，刺龙芽汆水时，可加入少许的盐和白糖，以去除涩味。

　　农家风味汉源湖鲤采用过水鱼的制作方法。把湖鲤宰杀洗净后，在鱼身两面肉厚处剞一字花刀，用盐和料酒抹匀鱼身，投入加有化猪油的沸水锅，开小火煮熟，捞出来沥水装盘。净锅入熟菜油和化猪油烧热，投入泡辣椒末、泡椒酱、泡子姜粒、野山椒、酸菜末、蒜米和葱花炒香出色，放入笋丁，掺入高汤烧开，调入盐、味精、鸡精、白糖和醋，用水淀粉勾芡收汁，出锅浇在盘中鱼身上，撒上香菜末和香

干豆豉炒皇木腊肉

葱花即成。

　　干豆豉炒皇木腊肉是把汉源的皇木腊肉与干豆豉组合成风味独特的一道佳肴。把腊肉洗净后，放入清水锅煮熟，捞出来沥水并切成片。净锅入少量菜油烧热，下入熟腊肉片爆香，投入干豆豉略炒，烹少量清水，调入盐、味精、鸡精和白糖炒至水分将干且入味时，放入蒜苗节炒断生，出锅装盘即成。

　　盐菜炒坛子肉是把汉源的两种特色食材盐菜和坛子肉合炒成菜，味道鲜香。把坛子肉入笼蒸熟后，取出来切成片；干盐菜切碎后，投入沸水锅汆水，以除去多余的咸味。净锅入少量菜油烧热，下坛子肉片爆香，放入姜片、蒜片和汆过水的盐菜碎炒香，加盐、味精和白糖调味，撒入蒜苗花炒断生，出锅装盘即成。

椒盐茴香坛子肉

汉源岳庭酒店是一家集餐饮和住宿为一体的高端酒店，装修风格结合了汉源各种特产和花椒的元素。大厅内交叉摆放的木条上陈列着各种本土特产，而墙上的壁画也是用许多花椒粒制成的，个性十分突出。酒店特意从成都来了张孟全师傅指导菜肴的品类和风格，其主体思想是利用汉源本土特色食材，结合多种不同的烹调方法，制作出具有汉源特色的精致菜肴。

椒盐茴香坛子肉是把汉源特色坛子肉用加有鲜茴香的蛋糊挂匀，再油炸酥脆，并加汉源花椒炒制而成，香麻酥脆，有茴香的清香味。

原料: 汉源坛子肉后腿瘦肉 200 克，鸡蛋 4 个，鲜茴香节 100 克，生粉 80 克，花椒面 2 克，汉源干花椒 10 克，盐、鸡精、色拉油各适量。

制法: 1. 把鸡蛋加生粉搅匀，再加入鲜茴香节、盐和花椒面拌匀成全蛋糊。另把坛子肉切成 3 厘米长、2 厘米宽的条，放入全蛋糊里拌匀。

2. 净锅入油烧至七成热，下入挂匀糊的坛子肉条，炸至金黄酥脆时，捞出来沥油。

3. 锅留底油，加干花椒煸炒出香味，倒入炸好的坛子肉条，调入盐和鸡精颠匀，出锅装盘，点缀上鲜茴香即成。

说明: 坛子肉要选用猪后腿肉的瘦肉。油炸时，油温须由低到高，以保证成菜酥脆和茴香的清香。

文／肖尔亚　图／中央次尔

Muli

木里

大凉山深处的野生菌王国

汪曾祺说：雨季一到，诸菌皆出，空气里一片菌子气味。说到菌子，通常会想到云南。成都一家餐厅曾经组织了一场菌菇宴，所用食材全部来自四川省凉山彝族自治州木里藏族自治县，羊肚菌、松茸、鸡枞菌、青冈木耳……品质都极好。再一查地图，木里县东临冕宁、九龙县，西接稻城、香格里拉市，位于云贵高原与青藏高原的过渡地带。深山之中，菌子想必也不少，我们由此踏上了去木里的旅途。

木里，藏语意为美丽、辽阔、深远之地。据史料记载，元代的地方志第一次提到木里，因为当地发现了黄金——木里是我国黄金蕴藏量最丰富的地区之一。木里的黄金产量多，纯度高，色泽上乘，属于黄金中的极品，木里也因此被誉为"黄金王国"。

除了黄金，木里县的自然资源极为丰富，三条大河纵贯全境，拥有 17 座水电站；全县森林覆盖率近 70%，拥有约占全国百分之一、四川省十分之一的原始森林。得天独厚的环境，孕育了数不清的松茸、羊肚菌、牛肝菌、鸡油菌、鸡枞菌、马鹿菌……当地村民每年的经济收入很大一部分来就自野生菌采摘。木里县野生菌资源丰富，每年的交易量达 2000 吨。

藏餐特色明显

20 世纪 20 年代，美籍奥地利科学家约瑟夫 · 洛克三次经云南宁蒗永宁抵达木里，在木里土司的帮助下，从木里境内向西北而行，到达与甘孜州稻城县交界的地区。沿途为木里县域内的自然景观和民族特色、宗教文化、浓郁的文化景观所惊撼，在为美国《国家地理》杂志撰写的文章里，他将木里称为"佛教王国的圣洁之地"。

我们这次坐了 12 个小时的车抵达木里。当晚，下着中雨，当地的朋友在香巴拉酒店给我们摆好了一桌欢迎宴。包间里的桌椅都是藏式风格，四四方方的桌子，搭配长方形、像柜子的椅子，通体红色，印有藏族特色花纹。酥油茶、奶渣汤很快端了上来，我们一下子就有了到藏族人家里做客的感觉。

木里县杂居了藏、彝、汉、蒙古等 22 个民族，其中藏族人和彝族人较多，当地人主要信奉藏传佛教，山水间弥漫着浓郁的宗教氛围。受此影响，当地也有不少藏族风格的餐厅，菜品也有藏族特色。

首先端上来的是奶渣蛋皮卷，当地放养了大量的牦牛，因此较多以牦牛肉、牦牛奶入菜。奶渣就是牦牛奶发酵以后的制品，入口酸甜、有颗粒感，用薄薄的一层蛋皮裹好切成片即可作为前菜上桌。然后是

藏乡炕肉

木里县项脚村航拍　供图／视觉中国

木里县城全景图

一大盆松茸炖土鸡汤，同座的藏族干部介绍说，木里人日常吃的肉类主要以土鸡、牦牛肉、藏香猪肉为主，都是土生土长的，夏天就尽情地吃菌子。今年雨水较少，野生的鲜菌子也晚了近一个月，餐桌上除了一道素炒鸡枞菌，其他菌子都是干货。

接着服务员端上来一大碗松茸臊子面，浓浓的菌香味很快在空气中散开来。据香巴拉酒店主厨高朋介绍，虽然只是一碗面，但是因为松茸昂贵，普通人家里也不会这么吃：首先把松茸切成颗粒，与猪肉末一起炒熟，加入鲜鸡汤、盐、鸡粉煮熟待用。面条煮熟后，浇上松茸臊子、撒上葱花即可。

餐桌上还有两屉野菌包子，同桌的藏族姑娘泽旺娜霖介绍道："藏族人家里如果来了尊贵的客人或者家里有喜事、重要的事情，我们都会包包子，就像汉族过年包饺子，是比较有仪式感的事。各种菌菇、野菜、猪肉、牛肉，还有奶渣，都可以包成包子。"藏族人也爱吃面食，桌上还有一道烤藏香猪肉配白面馍馍，取藏香猪五花肉部分烤至酥香，搭配泡白菜叶一起上桌，白面馍馍看起来跟西北人日常吃的差不多。

后来我们如愿在仲·阿可登巴藏餐厅吃到了奶渣包子，酸甜可口，味道不输乳酪蛋糕。藏族人的传统食物苋米馍馍依然保留了水磨粉的工艺，苋米呈黑色，富含蛋白质，藏族逢年过节制作的花式点心离不开它，吃起来有一股淡淡的泥土味，像甜菜根的味道。

当地人还喜欢喝青稞酒或者玉米酒，木里出产的玉米甜度比平原地区高，酿的酒有粮食酒特有的香甜。服务员拿过来以玉米酒为基酒酿制的松茸酒，不胜酒力的我喝完一杯竟毫无醉意，藏族同胞笑着跟我说："随便喝，不上头的。"

羊肚菌 2

野生黄金耳

好食材自己会说话

　　爱吃的人到了木里一定不会失望。第二天，我们采访了木里县藏祥阁农特产品商贸有限公司，刚一落座，店老板杨夏娜的妹妹小米就给我们冲上一杯土蜂蜜水，蜜源植物是深山里的野山花。中午到小米家里吃了一顿"农家饭"，鲜鸡枞菌、野生香菇的鲜美自不必提，用青辣椒段、蒜粒和盐随便炒一炒就是一道下饭菜。

　　桌上还有藏香猪肉做的香肠和腊肉，同样用藏香猪肉做的火腿和羊肚菌一起做成了一道烩菜，羊肚菌和火腿一样多，真奢侈！还有从来没有见过的马鹿菌，我吃起来感觉很苦，夹了一筷子就没有再动，看着同桌的当地人跟没事儿一样地吃着，不禁感叹"一方水土养一方人"。

　　木里的野生木耳长在山林中的榆、杨、柳、桑、青冈树的段木、树桩或朽木上，耳片薄、脆，木耳整体干净规整。小米告诉我说，他们店里卖的青冈木耳是人工培育菌种，再投放到山上仿野生种植的，吃起来跟野生的一样。

　　小米生怕我们没有吃饱，还一个劲儿劝我们夹菜。去院子里洗手的时候，我发现他们一家老小都还待在厨房没有吃饭，山里人的热情与淳朴令人动容。饭后，小米给我们一人泡了一杯红雪茶——这是一种野生苔藓植物，分布在海拔 4000 米以上高山的落叶松、冷杉干枯树干上。下雪的时候，它开始发芽，待大雪把它完全盖住时才能长成红雪茶，叶体如珊瑚绽开。冲泡以后色泽红亮，略带苦味。

　　我又在农贸市场买了农妇自己种植的青皮梨，大小不一，果肉细嫩、香甜多汁、梨皮化渣。知名地方特产大凉山紫皮土豆绵密细滑，入口就像在吃土豆泥。我忍不住跟当地人感叹：木里的食材太好了，什么都好吃！

野生菌王国

　　虽然野生菌还没有大量上市，但是连着几天下雨后，鸡枞菌纷纷冒出地面。农贸市场门口，一大早就有好几位农妇在卖鲜鸡枞菌，80 元一斤，菌子根部沾着红褐色的泥巴，一大袋一大袋地摊在面前。旁边还有老奶奶在卖野生香菇，沾着露水和松针，菌伞较人工种植的更薄更平，菌把更纤细。

　　说木里是"野生菌王国"毫不夸张。木里菌子有多充足呢？有一个例子可以说明：1988 年，县农业局、农牧局引进菌种，试验人工种植青冈木耳、平菇、金针菇等，由于当地野生菌菇种类多、数量大，老百姓都不明白为什么还要人工培育。直到 2015 年，农业农村局在四川省农科院的协助下引进羊肚菌菌种和营养配料，首次进行示范生产 25 亩获得成功。因为羊肚菌的营养价值高、经济效益好，在木里县的种植面积不断扩大，2018 年冬季至 2019 年春季推广种植达3328 亩。

当地另一"菌子大咖"是松茸，早年的顾客大部分都是日本人，如今国内经济发达了，沿海一带居民的消费量超过了日本。当地农家乐老板柴格兜介绍，国内松茸销售以鲜品、冻品为主，以前销往日本的是盐渍松茸，现在除了鲜品、冻品，还有油浸罐头。

我向当地人请教如何辨别羊肚菌和松茸的好坏。当地人袁华告诉我，羊肚菌菇体均匀的品质更高，菌脚长、伞帽短的为下品，通常而言野生羊肚菌香气更浓郁，哪怕只是放一斤在屋里，都能闻到特有的气味。

松茸的鉴别略复杂一些，博窝乡书记中央次尔告诉我，首先看形状，日本人高价收购的是四指并拢高、粗细均匀的。然后要仔细观察松茸菌体有没有被虫蛀、被鸟啄、被猴子或野猪啃食的痕迹；其次头大、尾细的为二级货；松茸长开成伞状，像平菇那样子的是三级货。只有一种情况下开伞了的松茸更受欢迎：在交通不便的深山里，运不出来的松茸全部切片烘干，那个时候村民会故意把松茸留待开到最大的时候，这样重量更大。袁华还教我一个小方法：用手捏菌柄，如果有响声，说明里面有虫，不易存放。

中央次尔从小在距县城 240 公里的博窝乡长大，他告诉我，当地藏族人对松茸有很深的感情。"我从小学六年级到读大学的学费，都是靠卖松茸换来的。每年松茸季，我会带孩子去乡里采摘，我儿子捡不到松茸的话，不管捡松茸的人认不认识我儿子，他们都会挑袋子里最好的一棵松茸送给小孩，表示祝福，'我的菌子会给你带来好运'，有了这朵菌子，会有更多菌子到你包里来。"中央次尔说，如果看到五六朵菌子在那里，藏民不会立刻摘下来，要先许愿："感谢山神对我的眷顾，给我带来好运……采完菌子以后盖好泥土，留下小的菌子，并说'祝愿你早早长大'，然后围着菌子又唱又跳。"

采松茸的季节一到，全家人把门锁了，鸡、猪、牛等，包括家里的小猫都带上山去，通常在山上住两个月：床的四个角用树丫绷住，再铺上褥子；下雨后全身湿透，山上配备了太阳能烘干机；偶尔也要回家一趟，看看庄稼，装运一些蔬菜；至于洗澡——那是不可能的。每天三点半起来就开始烧火、吃茶、洗脸，然后打着手电筒出发去采摘，村民们的窝棚会形成相对集中的群落，几十户在一起，每片山的归属也是早已明确的，外村的人不能过来，这个村的也不会过去。

博窝乡只有大约 1600 人，分散在 800 平方公里的土地上。为了保护松茸的生长环境，村落里形成了约定俗成的规矩。比如今天要上山了，请一位喇嘛来焚香许愿，长者出来讲话："为了我们的松茸越来越好，山里不能砍柴，不能采小的……大家行不行？"村民们回答："行！"然后大家对着佛祖许愿，并遵照执行。

中央次尔说，抛开烹饪，其实人与菌子的故事更让人着迷，"或许外面的人并不知道这颗松茸是怎么来的，采摘它的人是谁，这颗松茸有什么特别……但是了解了这个过程以后，你对松茸会产生感情，这比吃什么更重要。"

文、图／九吃

米易

Miyi

铜火锅与野菜的狂欢

米易县是攀枝花市的北大门，旅游资源丰富，牛羊肉米线、夜烧烤、铜火锅、烤全羊、羊皮煮羊汤等风味美食更让人大饱口福。

"滨江壹号"是米易县一家开在安宁河畔的新店，既有宽敞的户内区，也有开阔的园林式户外区，环境优美。这家大型综合餐饮能在短时间内得到当地人好评，除了独特的用餐环境，更多的原因在于其品类齐全，特色明显。

滨江壹号分为全牛宴、鱼鲜馆、烧烤、铜火锅四个区域，其中最受欢迎的要数铜火锅，高峰期时每天要卖出一百多锅。

七年前的冬季，我曾在米易的一家小店吃了铜火锅，里面层层叠叠铺摆着各种荤素原料，口味层次丰富，跟一般的火锅大不一样。这次在滨江壹号吃到的铜火锅，跟以前吃到的铜火锅相比，制作细节有

所改进，还增加了野菜烫涮。

滨江壹号的经营者是米易有名的餐饮人严白鲜，他事厨多年，技艺精湛，投资开店也有不少年头，有丰富的管理经验。正是因为有这些基础，他才能把一家新店经营得风生水起。严白鲜向我们详细介绍了铜火锅的传统做法，以及他所做的改进。

米易旧时属会川府（今会理县）管辖，会川盛产铜矿，当地人喜用铜制的缸、盆、壶、锅等生活用具，铜制火锅便是其中之一。铜火锅是用会理所产黄铜纯手工打制而成，外形和北方涮羊肉铜锅相近，中间有一根突出的烟囱，下面连接中空的内膛（里面放加热的木炭），外圈突出的凹槽则用来装食物。

米易铜火锅在用料、搭配、装锅方式等方面跟其他火锅不同，上桌前就需要预先在锅中装入原料，放入各种原料的顺序也是非常讲究的。

第一层放素菜，以根茎、瓜果类为主，如红苕、山药、棒菜、佛手瓜等原料。其中必不可少的是红苕和山药，这些富含淀粉的原料既能改善火锅的风味，又能增加汤汁的浓稠度。严白鲜在传统素料的基础上加入了荔浦芋头，其粉面的口感和特殊的味道，为成菜增加了不少亮点。

第二层放新鲜荤菜，如斩成块的土鸡、排骨、猪蹄等。严白鲜的改进之处是把土鸡换成了乌骨鸡。

第三层是放腌腊荤菜，如腊肉片、火腿片、腊板鸭块等。

第四层放肉圆子。一般铜火锅放的是普通的肉圆子，而严白鲜改成了放五彩蔬菜圆子。因为下面两层已经有足够的荤料，为了适应人们现在追求荤素搭配的饮食习惯，他减少了猪肉的用量，另外加入了较多的马蹄粒、香菇粒、胡萝卜粒、野菜碎、姜米等。这样做成的圆子吃起来不油腻，色彩也更美观。铜火锅的销量大，每天要准备大量的肉圆子，以前厨师多是用机器绞的猪肉末来制作，成品的口感欠佳。现在严白鲜改用切肉机来加工——先把半肥瘦的猪肉切成片，再切成丝，最后切成粒，这样既节省了人力，又达到了改善口感的效果。

米易铜火锅之所以广受好评，原因就在于用料多，且搭配独特。后厨把所有的原料依顺序摆好，可以事先加入烧红的木炭，掺鲜汤煨好后端出去，上桌即食，也可先在中间加炭，上桌再掺汤，煨制一段时间再吃。在煨制的过程当中，底层清新的蔬菜味、中间新鲜荤料的鲜味，上面腌腊料的腊香味相互渗透，浓郁的鲜香味在店堂内四散开来，非常诱人。锅内原料众多，在一锅里能同时吃到柔嫩、粉面、脆爽、软糯等不同口感的食材。铜火锅的锅底都调的是咸鲜味，上桌时会配

攀枝花炒腊肉

鲜小米椒碎、花椒面、煳辣椒面、葱花、香菜等调辅料，由客人自行调味碟蘸食。

铜火锅里面预加的原料吃完后，还可以下素料烫食。严白鲜特别增加了一些应季的野菜，如野茼蒿、野薄荷、竹叶菜、灰灰菜、斑鸠菜等。野菜在这里除了用于烫食，还可以做成其他冷热配菜，如小米椒拌蕨菜、小米椒拌野茼蒿、水豆豉拌野芹菜、清水煮斑鸠菜等，它们组合在一起，为铜火锅增添了独特的野趣。

盐边
Yanbian

亦川亦滇
盐边菜

文／庞杰、高勇、何文舟、采萝、巴樵
图／曾荣钟、田道华

　　攀枝花中北部的盐边县，地处金沙江、雅砻江、安宁河交汇区域，县域内有汉族、彝族、苗族、傈僳族等 31 个民族。盐边古称大笮，是南丝绸之路、润盐古道、茶马古道的重要通道，在千百年历史长河中形成的盐边菜，是攀西地方特色的文化符号。

　　翻开盐边的历史进程，既是攀西裂谷民族迁徙的移民文化史，也是一部民族文化大融合的历史剧。4000 多年前，黄帝之子昌意率领部落移居若水（即今天的雅砻江）之滨，开启了攀西大裂谷中第一次大规模移民，黄河文明由此就进入了雅砻江流域。此后，随着司马相如修筑南方丝绸之路、诸葛丞相南征，中原文化、农耕文明逐渐在攀西大裂谷传播。从五代十国至宋辽金夏，盐边属于云南地方政权统治，饮食习俗受云南影响较大，直到现在盐边菜也有"亦川亦滇"的特点。

油底肉

　　盐边人的食物大多是按照时令就地取材，以山珍野菜鱼鲜为主，烹制时尽量少油淡盐，调料大多是自己发酵的泡菜、泡辣椒、水豆豉以及水酸菜等，基本上不用外来酱油、豆瓣、醋、味精等调味品，喜欢不放油的焖辣椒蘸水和小米椒青花椒蘸水菜，这形成现代盐边菜的基本特色和格局。

　　源于好山好水孕育的绿色天然食材，加之传承千年的独特烹饪方式，盐边羊肉米线、盐边油底肉、盐边牛肉、盐边泡菜鱼成功入选100道"天府旅游美食"和"天府名菜"。独具特色的坨坨鸡、坨坨牛排、浑浆豆花、毛菇粉条炖鸡、翡翠豆糁、油酥蜂蛹、笮山全羊锅、圆根酸菜汤、块菌炖鸡，以及铜火锅宴、全鱼宴、红骨全羊宴等都是舌尖上的美味。

盐边的早餐，从一碗羊肉米线开始

"老板，大碗米线！"

"老板，两碗双膜……"

清晨，盐边县清河西路，"居佳盐边羊肉米线"店内，进店的食客络绎不绝，点单声此起彼伏。

何山是该米线店的店主，他的米线店是盐边县城五十多家米线店中的代表之一。

此时他正在厨房一角忙碌着。他的眼前摆着两口不锈钢深锅，左边是开水锅，右边则是油润鲜香的高汤锅。他按照进店食客数量娴熟地抓起一把把米线丢进开水锅中，他的妻子则在一旁将数个不锈钢大碗一字排开。米线烫熟后，何山将其捞起来沥水，快速倒入碗里，他的妻子则往每个碗里依次夹入数片羊肉。接着，逐一往羊肉米线碗里舀入高汤，稍调味并撒上葱花，便端出厨房，上桌。

端上桌的羊肉米线，满满一碗，分量十足，热气腾腾，香气扑鼻。乍一看，似乎和其他地方的米线差不多，实则不然。店里每张餐桌的中间，还摆有七八个不锈钢小碟，里边分别是花椒面、煳辣椒面、豆瓣、小米椒碎、泡莲花白丝，以及绿意盎然的薄荷叶、青花椒，均由客人免费自行添加。喜欢"重口味"的食客，可以往米线碗里加入花椒面、小米椒碎、煳辣椒面等；偏好淡雅口味的食客，则可以往汤碗里夹入薄荷叶、青花椒或泡莲花白丝。

吃米线竟然还可以加入薄荷叶、青花椒——这样独特的吃法对于外地来的我而言，可谓是别开生面。带着几分稀奇和期许，我夹起薄荷叶放入碗里并将其浸泡在汤里，迫不及待地大快朵颐。这里的米线略粗，在羊肉汤中浸泡之后，咸鲜味充分融入米粉，入口爽滑弹糯，米香味浓郁；羊肉细嫩化渣，几乎没有膻味；再喝几口汤，滋润的羊肉鲜香中带着几分薄荷的清香，令人胃口大开。

一边大口地吃着羊肉米线，一边听当地朋友细数盐边羊肉米线的五大特色——"一大、二白、三鲜、四绿、五料"。"一大"，指的是羊肉切得又大片又薄；"二白"，说的是碗里的米粉洁白、羊骨汤白；"三鲜"，自然是羊肉汤味道的鲜美；"四绿"，毋庸置疑，就是餐桌上的四种绿色辅料：薄荷叶、青花椒、葱花、芫荽；"五料"，则是豆瓣、泡莲花白丝、小米椒碎、蒜泥、香醋这五样小料。真没想到，吃盐边羊肉米线竟然还有这番讲究的地方饮食习俗。

在滚烫羊肉汤的浸泡下，先前往碗里夹入的新鲜薄荷叶很快就变软，鲜绿的植物叶恰到好处地吸收了羊肉汤的油脂，使得羊汤喝起来一点也不腻。

店老板何山告诉我们，他们店在盐边县城已经经营了近九年，每天平均要卖出数百碗羊肉米线。店里的米线之所以在当地口碑相传，是因为他在制作羊肉米线上有三大法宝：

其一是食材新鲜，像薄荷叶、青花椒用的都是新鲜采摘的，羊肉则取自高山放养山羊，其肉质紧实细嫩，膻味较小。

其二是自己熬制纯正的羊肉高汤，那是用羊棒子骨、生羊油、当归、生姜块、香料包等，按照一定比例放入水锅，小火慢熬而成；熬好的羊肉高汤色泽清亮，有一层淡淡的油脂浮在汤面上，并能闻到一股醇厚的羊肉香味。

其三则是免费小料和配菜的制作也不马虎，就拿煳辣椒来说，是将锅烧热，倒入适量盐炒至变色，下干小米椒、子弹头干辣椒翻炒（中途可以加适量干青花椒），炒至色微微发黑即起锅，滤掉盐，自然放凉后，用机器打成粗粉状便可。糟辣椒则是按一定比例取小米椒、盐、大蒜、生姜、青花椒，一起打碎后，放桶里静置便得到。该店尤值一提的，还有羊肉米粉的搭档——泡椒羊杂。

盐边的早晨，从一碗热气腾腾的羊肉米线开始；盐边羊肉米线，也成为了无数在外地的盐边人魂牵梦绕的乡愁。

盐边高山黄牛肉

盐边菜讲究就地取材，烹法简单、味道单纯、原汁原味。盐边牛肉是传统盐边菜的典型代表，是家喻户晓的一道名菜，近十来年享誉省内外，可以称之为"盐边第一菜"。该菜选用盐边高山黄牛肉为原料。

盐边高山黄牛在将近三千米海拔的高原牧场上生长，广阔的地势、清澈的溪河、丛生的树木和丰茂的百草，使得黄牛肉质紧实、脂肪含量低，为盐边牛肉的制作提供了食材基础。

盐边牛肉的烹调方法简单，以黄牛腱子肉为最佳，这个部位的肉与筋相连，吃起来筋道，口感好。将黄牛腱子肉按照一定比例加盐腌制后熟制，下入清水锅，加入拍松的姜块、草果、山奈、八角、花椒等香料煮熟，捞出牛腱肉沥水晾凉。

盐边牛肉调味也不复杂，讲究食材本味。干拌时，将牛肉切成厚薄均匀的大片，不加油，只加盐和当地人喜欢且惯用的鲜青花椒、小米椒，以及香菜节、小葱节等拌匀，成菜色绿而清爽。也有人会在干拌时加入干辣椒面，增添干香麻辣味儿。盐边牛肉还可以与当地的水豆豉、水酸菜合拌成菜，成就另一种风味，鲜香麻辣，酸辣爽口。

泡菜鱼

盐边羊肉米线

一片牛肉裹着香菜和葱绿段食用，麻辣鲜香，牛肉软和爽口，香菜葱段脆爽，脂香和蔬香相得益彰，充分体现了盐边菜以自然为美的特色。

千年传承油底肉

"千年传承油底肉，酥糯细腻喷喷香"，这是曲风欢快的盐边原创 Rap《滋味盐边》里的一句歌词，传唱的便是盐边县颇负盛名的地方名特产之一——盐边油底肉。盐边油底肉，如今已是中国国家地理标志产品，其独具一格的制作技艺，已成为非物质文化遗产。

盐边油底肉制作技艺之所以特别，是因为它充分展现出了古人在猪肉保存技艺上的聪明才智。盐边县位于干热河谷气候带，当地不但日夜温差大，而且全年气温偏高。在这样的气候环境下，各类食材尤其是肉类的保存就成了一个难题。在长期的生活实践中，同时也出于在日常生活中获取脂肪热量的目的，居住在"笮都夷"的古笮人就创制了油底肉。

油底肉的制作工艺是，选取肥瘦各半的上等猪肉，连同猪舌、猪肚、猪腰、猪肝等，经过初加工处理后，按一定比例用盐腌渍一两天。接着将其下热油锅，炸干水分且色呈金黄，捞出来沥油，装入罐内，倒入油脂淹没猪肉并封好口。存放半年以上，夹出来加热后便可食用。做好的油底肉，色泽鲜亮，咸淡适中，醇香鲜美，皮肉糯，肥而不腻。

油底肉除了直接蒸食，还可以切片后，与鸡、松茸等一起蒸制成菜，或者与青椒、牛肝菌等炒制成菜，风味独特，香鲜可口。

酸香泡菜鱼

在盐边民间，流传着这样一句俗语："纵有家财万贯，也怕鱼汤泡饭"，赞誉的便是当地的一道特色佳肴——泡菜鱼。在盐边的百姓人家，但凡有喜事宴会，或是逢年过节，餐桌上都少不了这道菜。

烹制盐边泡菜鱼，其中的主料既可以用细鳞鱼（当地叫细甲鱼，学名齐口裂腹鱼，已有人工养殖，是制作这道菜的最佳原料）来制作，也可以用鲤鱼，烹制时都会用到盐边的特色泡菜——泡莲花白，因加入了小米椒和糟辣椒，成菜酸辣开胃，鱼肉细嫩，极为下饭。

鲜嫩的鱼肉和辣椒、花椒等佐料汇聚一锅，辅以农家的泡菜，还可以加点新鲜藿香叶进去，成就了这道盐边必吃的美食。随着市场经济的发展，不少盐边餐饮企业纷纷进军川外市场，作为主力菜肴，盐边泡菜鱼也随之名扬川内外。

而今，盐边乡村还推出了丰收季节在稻田边煮泡菜鱼的新鲜玩法。比如某年十一假期，盐边永兴镇产粮大村江西村，便邀请八方来客到村里的稻田抓鱼，抓获的活鱼就地在田边煮泡菜鱼。江西村还专门请村里的泡菜鱼制作技艺传承人来给客人们烹制这道美味，在柴火的加热下，在小火的慢煮中，泡菜与鱼同烧后的酸香飘出，无不令围观的游客口舌生津。

好山、好水、好鱼、好菜，成就了盐边这道别具风味的泡菜鱼。

其具体制法是，先将细鳞鱼宰杀洗净，在鱼身两面剞一字花刀，纳盆加姜片、盐、料酒码味。另将泡莲花白切成粗丝。锅入油烧至七成热，下入码好味的细鳞鱼煎炸至两面色金黄，起锅备用。

锅留余油烧热，下入泡小米椒、泡姜米、泡莲花白丝、糟辣椒炒香，掺入鲜汤，放入煎好的细鳞鱼煮熟，下入芹菜节、鲜青花椒、小葱段、藿香叶丝，起锅装盘，再撒上藿香叶丝、香菜节，用鲜青花椒点缀即成。

文、图／九吃

异彩纷呈的小吃

Huili

会理

会理因"川原并会，政平颂理"而得名，是凉山彝族自治州的一个县级市，地处攀西腹心地带，气候宜人，四季如春，因此素有"小春城"的美誉。会理还是四川省的第八个国家级历史文化名城，境内有彝族、藏族、羌族、苗族、回族等多个少数民族。

独特的地理位置，千年的历史沉淀，多民族聚居的人文环境，造就了会理多样化的饮食风味。在攀西地区，会理饮食以小吃品种多而独领风骚，其中又以抓酥包子、鸡火丝最为有名。

抓酥包子

抓酥包子，又作抓苏包子，它跟一般的包子制法有很大的差别。制作抓酥包子，需要提前制作油酥。把猪板油（也可以用猪肥肉）切成小块，放锅里炼出油，把油渣捞出来剁碎，最后和部分晾冷的化猪油搅匀，即成油酥。

把发好的面团擀成大薄片，抹上油酥后，卷成长条，再切成小剂子，用手竖着压扁后，擀薄包馅，饧发一段时间，再上笼蒸熟。因为加入了油酥，所以包子的面皮有层次，上面还有很多"蜂窝眼"，

抓酥包子、鸡火丝

吃起来口感酥软、香而不腻。

鸡火丝

　　鸡火丝是鸡肉丝、火腿丝和饵块丝的合称。饵块是会理的特产，主要原料是大米。选取香味浓、黏性较强的优质大米，用清水泡涨后入笼蒸至六七成熟时，取出来晾至温热，捣烂成泥，最后搓揉成砖块状。饵块可以切成片煎食或炒食，而切成粗丝做鸡火丝，在会理最为常见。

　　制作鸡火丝的方法并不难，关键之处在于熬汤料，把土鸡、火腿、猪棒子骨等放入清水锅，大火烧开再转中火熬煮几小时。熬好的鲜浓汤汁留在桶里，调成咸鲜味，保温待用。鸡肉捞出来晾冷，用手撕成丝，火腿捞出肉晾冷后，则切成粗丝。另把鸡蛋液摊成蛋皮，切成粗丝待用。

　　饵块丝放清水锅里煮热后，捞出来放碗里，浇入调好味的鲜汤，另把鸡肉丝、火腿丝、蛋皮丝放在表面，红、白、黄、灰相间，看上去很是养眼。鸡火丝咸鲜味美，各种原料口感各异，饵块丝能吃出本身的米香味，柔软而有嚼劲，加上浓汤的鲜和火腿的咸香，特色突出。